自由空间量子密钥分发

刘涛 编著

人民邮电出版社
北京

图书在版编目（CIP）数据

自由空间量子密钥分发 / 刘涛编著. -- 北京 : 人民邮电出版社, 2023.12
ISBN 978-7-115-63187-9

Ⅰ. ①自… Ⅱ. ①刘… Ⅲ. ①通信密钥－研究 Ⅳ. ①TN918

中国国家版本馆CIP数据核字(2023)第211373号

内 容 提 要

本书介绍自由空间量子密钥分发的概念和相关基础理论，描述自由空间信道的特性，讲解模拟量子信号在自由空间中传播的蒙特卡罗方法，详细阐述次谐波大气湍流相位屏模拟方法及最优谐波次数的选取标准，深入讨论电离层E层、大气效应、天气条件、海水等因素对量子密钥分发系统性能的影响，介绍利用相敏放大器和相位非敏感放大器对连续变量量子密钥分发系统进行性能改善的方法。

本书可作为高等院校通信工程、电子信息工程、信息安全等相关专业的教材，也可作为相关科技人员的参考书。

◆ 编　　著　刘　涛
　责任编辑　李　静
　责任印制　马振武
◆ 人民邮电出版社出版发行　　北京市丰台区成寿寺路11号
　邮编　100164　　电子邮件　315@ptpress.com.cn
　网址　https://www.ptpress.com.cn
　固安县铭成印刷有限公司印刷
◆ 开本：700×1000　1/16
　印张：13　　　　　　2023年12月第1版
　字数：177千字　　　2024年9月河北第2次印刷

定价：99.80元

读者服务热线：(010)53913866　印装质量热线：(010)81055316
反盗版热线：(010)81055315
广告经营许可证：京东市监广登字20170147号

前 言

量子通信是应用量子力学的基本原理或量子特性进行信息传输的一种通信方式，是量子论和信息论相结合的一个新的研究领域，具有原理上的绝对安全性，因此受到了世界上很多国家的高度重视。我国对量子通信技术也十分重视，《中华人民共和国国民经济和社会发展第十四个五年规划和2035年远景目标纲要》指出我国要“加快布局量子计算、量子通信、神经芯片、DNA存储等前沿技术”，并且将“城域、城际、自由空间量子通信技术研发”列入科技前沿攻关领域。

作为量子通信技术的重要分支，量子密钥分发技术率先进入实用化阶段。根据信道的不同，量子密钥分发可以分为光纤量子密钥分发和自由空间量子密钥分发两种类型。与后者相比，前者受地形限制和铺设成本约束，受光纤双折射效应影响，实际传输距离单次只有几百千米，一般只能用于在固定目标间通信，因此目前还不能利用光纤量子密钥分发系统构建全球量子通信网络。自由空间量子密钥分发弥补了这些不足，将卫星作为中转平台，可以实现全球范围内的量子通信。量子信号在自由空间中传输时，不可避免地会受到空间环境因素（如大气和海水的吸收，散射和湍流效应，雨、雪、雾霾等天气）的影响，从而导致自由空间量子密钥分发系统性能下降，甚至发生通信中断。因此，本书主要围绕大气和海水对自由空间量子密钥分发系统性能的影响进行研究和探讨，并特别分析自由空间量子密钥分发系统的波长选择问题。

全书共有8章：第1章介绍自由空间量子密钥分发技术的意义和国内外发展现状。第2章阐述量子密钥分发相关的理论基础，包括量子信息基础、量子通信信道、量子密钥分发协议和蒙特卡罗方法。第 3 章介绍大气湍流效应的模拟方法，提出两种选取最优谐波次数的评估标准。第 4 章介绍本书探讨自由空间量子密钥分发系统的波长选择问题时选取 810 nm、1550 nm 和 3800 nm 这 3 个目标波长的原因，并分析电离层 E 层对自由空间量子密钥分发系统的信道容量、纠缠保真度、量子误码率和安全密钥率的影响。第 5 章分别介绍大气效应对离散变量量子密钥分发系统和连续变量量子密钥分发系统性能的影响。对离散变量量子密钥分发系统，建立分层结构信道传输模型，分析背景光噪声、大气效应等因素对系统性能的影响。对连续变量量子密钥分发系统，建立水平信道传输模型，介绍大气衰减和湍流对透射率、额外噪声和中断概率的影响。第 6 章针对连续变量量子密钥分发系统，介绍降雪、降雨和雾霾 3 种常见天气对量子密钥分发系统安全密钥率特性的影响。第 7 章针对水下量子密钥分发系统，介绍 4 种不同海域中海水的吸收和散射特性，利用蒙特卡罗方法模拟并分析这 4 种海域中光子传输的偏振特性，改进海水湍流功率谱模型，分析海水湍流对水下量子密钥分发系统的信道容量和量子误码率特性的影响。第 8 章介绍利用相敏放大器和相位非敏感放大器对连续变量量子密钥分发系统性能进行改善的方法。

本书在编写过程中参考了大量的文献资料，谨向这些文献资料的作者致以崇高的敬意！本书是我们团队集体研究的成果，特别感谢作者的学生张景芝、朱聪、王平平、房新新、李佳佳、邱佳、刘舒宇、王思佳等进行的大量研究工作。本书的出版得到了国家自然科学基金项目（62071180）和中央高校基本科研业务费项目（2020MS099）的资助，在此表示感谢！

由于作者水平有限，书中难免有不足之处，恳请各位专家学者批评指正。

作者

2023 年 9 月

目录

第1章 绪论

量子通信具有基于量子力学基本原理的“绝对安全性”，可以解决国防、金融、政务、商业等领域的信息安全问题，因此受到了众多国家的高度重视。我国对量子通信技术也十分重视，早在《“十三五”国家科技创新规划》中，量子通信就被选为面向2030年、体现国家战略意图的重大科技项目之一。《中华人民共和国国民经济和社会发展第十四个五年规划和2035年远景目标纲要》也指出，我国要“加快布局量子计算、量子通信、神经芯片、DNA存储等前沿技术”，并且将“城域、城际、自由空间量子通信技术研发”列入科技前沿攻关领域。

通过科研人员的不断努力，我国目前在量子通信领域已经处于世界领先地位。基于“墨子号”量子通信卫星和“京沪干线”，我国在2021年初步完成了天地一体化量子通信网络的构建[1,2]。2022年7月，继“墨子号”卫星之后，我国又发射了世界首颗量子微纳卫星“济南一号”，旨在实现实时的卫星对地面的量子通信。此外，通过利用量子卫星和“天宫二号”空间实验室，我国还在积极探索建立实用的量子星座的解决方案[3]。随着关键技术的不断突破，以光纤为传输介质的单次最远量子信号传输距离的纪录也不断被打破[4,5]。

作为量子通信技术的重要分支，量子密钥分发[6]（QKD）技术率先进入实用化阶段。根据传输信道的不同，量子密钥分发可以分为光纤量子密钥分发和自由空间量子密钥分发。光纤量子密钥分发能够利用现有的光纤通信系统实现量子信息传输，但受到光纤损耗等影响，目前实际的安全传输距离被限定在百千米量级，而且需要使用大量的中继器来帮助完成广域传输。自由空间量子密钥分发是以空间介质为传输信道，量子信号可以在其内一次性传输上千千米，并可以利用卫星使光量子信号的传输范围更广，因此成为建立全球化量子通信网络的关键支撑技术。此外，对于城市范围的量子通信而言，自由空间量子密钥分发也具有一定的优势。虽然光纤具有引导性，但它缺乏自由空间链路的灵活性。自由空间链路大多是可移植的，可以根据网络的需要重新定位。在一些特殊地形，如悬崖、河流等光纤难以铺设的位置，自由空间链接的作用尤其重要。同时，自由空间链路也可以集成到光纤城域网，作为缓解某些节点拥塞的手段。

以大气为传输介质的自由空间量子密钥分发技术是最早被研究的，首次演示实验于 1989 年由 Bennett 等人完成[7]，虽然当时传输距离仅有 32 cm，但此实验成功证明了量子通信的可行性。自此以后，世界上许多研究小组都开始对自由空间量子密钥分发技术开展研究，为此技术的逐步实用化作出贡献。近年来较有代表性的研究进展：2016 年 8 月，中国发射了世界上首颗量子通信卫星——“墨子号”，基于此卫星，次年潘建伟团队成功实现了星地之间基于诱骗态协议的量子密钥分发[8]和基于纠缠的量子密钥分发[9]，实验验证了利用卫星进行广域量子通信的可行性。同样在 2017 年，基于“天宫二号”空间实验室的空-地量子密钥分发演示实验[10]，从地球静止轨道卫星发送到地面接收站的光量子信号极限测量实验[11]，从地面发射到飞机上的量子密钥分发实验等[12]也相继被报道，这些研究都为探索建立全球化量子通信网络提供了宝贵的经验。约 2018 年，潘建伟团队与奥地利科学院合作，首次实现了北京和维也纳之间相距约 7600 km 的洲际量子安全通信[13]。2019 年，L.Calderaro 等人利用全球导航卫星系统完成了

20 000 km 倾斜距离的单光子交换实验[14]，验证了利用高轨卫星进行量子通信的可行性。2020 年，基于“墨子号”量子通信卫星，潘建伟团队实现了不需要可信中继的基于纠缠的千千米量级量子密钥分发[15]。同年，A.Villar 等人对在纳米卫星 SpooQy-1 上搭载量子纠缠源的方案进行了研究[16]。2021 年，基于“墨子号”量子通信卫星并结合 700 多条光纤量子密钥分发链路，潘建伟团队构建了跨越 4600 km 的天地一体化量子通信网络[1]。由于一颗低轨道卫星的覆盖范围是有限的，并且目前的卫星只能在晚上天气好的时候发送信号，要想解决这些问题，需要发射更多的低轨道卫星，并构建由高、中、低轨道卫星组成的量子星座，进而覆盖全球的量子通信网络。为此，2022 年 7 月，继“墨子号”卫星之后，中国又发射了世界首颗量子微纳卫星“济南一号”，探索实现实时的卫星对地面的量子密钥分发。同时，为了探索建立实用的量子星座，潘建伟团队在“天宫二号”空间实验室搭建了紧凑型的量子密钥分发终端，并与 4 个地面接收站一起构建了空–地量子密钥分发网络[3]。

相对于以大气为传输介质的量子密钥分发技术而言，以海水为传输介质的水下量子密钥分发技术的研究起步较晚。在理论研究方面，M.Lanzagorta 于 2012 年建立了水下量子密钥分发的基本理论框架[17]。其他相关研究主要集中在分析水下信道的吸收、散射和湍流对光量子态、误码率、成码率等特性的影响[18-22]，或通过光子减法、集成学习算法等提升水下量子密钥分发的性能[23, 24]。研究结果揭示了光量子态可以在水下信道中得到保持，证明了水下量子密钥分发的理论可行性。在实验研究方面，2017 年，上海交通大学的金贤敏团队完成了首个海水量子通信实验[25]，第一次通过实验证明了水下量子密钥分发的可行性。随后该团队又通过对光源进行高速调制，在强衰减的水下信道中实现了长距离的量子密钥分发[26]。2019 年，F.Hufnagel 等人研究了不同偏振态和空间模式的光束在渥太华河中的传播性能[27]。2021 年，徐正元团队在 10 m长的近杰尔洛夫Ⅱ型海水信道中进行了基于 BB84 协议和诱骗态 BB84 协议的量子密钥分发实验[28]，安全密钥率分别可达 563.41 kbit/s 和 711.29 kbit/s。2022 年，顾永建团队设计了一种紧凑型的诱骗态量子密钥分发系统[29]，在 2.4 m 海水信道上获得了 245.6 bit/s 的密钥率和 1.91%的平均量子比特误码率，同时在理论上证明了此系统在约 280 m 长的杰尔洛夫 I 型海水信道中仍可生成安全密钥。同年，X.Tang 等人首次证明了基于四态调制的水下连续变量量子密钥分发的可行性[30]。

在自由空间量子密钥分发过程中，光量子信号在空间介质中传播，不可避免地会受到空间环境（如大气和海水的吸收、散射、湍流效应，雨、雪、雾霾等天气）的影响。已有研究表明，这些影响与信号光的波长相关，一般波长越长，光量子信号受到的影响越小[31]。但在实际中，搭建长波长量子密钥分发系统还存在很多困难，主要原因：对于可见光附近和 1550 nm 附近的波段，光源、单光子探测器以及其他光学器件相对比较成熟，而更长波长光量子信号的产生和探测技术的研究尚未实现突破。此外，虽然长波长光量子信号受空间环境因素的影响较小，但光量子信号的接收效率却与其波长存在反比关系，并且可能存在尚未发现的对长波长光量子信号不利的影响因素，所以还需进一步研究和探索自由空间量子密钥分发系统的波长选择问题。

参考文献

[1] CHEN Y A, ZHANG Q, CHEN T Y, et al. An integrated space-to-ground quantum communication network over 4, 600 kilometres[J]. Nature, 2021, 589: 214-219.

[2] LU C Y, CAO Y, PENG C Z, et al. Micius quantum experiments in space[J]. Reviews of Modern Physics, 2022, 94(3): 035001.

[3] LI Y, LIAO S K, CAO Y, et al. Space-ground QKD network based on a compact payload and medium-inclination orbit[J]. Optica, 2022, 9(8): 933-938.

[4] WANG S, YIN Z Q, HE D Y, et al. Twin-field quantum key distribution over 830-km fibre[J]. Nature Photonics, 2022, 16(2): 154-161.

[5] LIU Y, ZHANG W J, JIANG C, et al. Experimental Twin-Field Quantum Key Distri-

bution over 1000 km Fiber Distance[J]. Physical Review Letters, 2023, 130(21): 210801.

[6] BENNETT C H, BRASSARD G. Quantum cryptography: public key distribution and coin tossing[C]. Proceedings of the IEEE International Conference on Computers, Systems, and Signal Processing, 1984, 560: 175-179.

[7] BENNETT C H, BESSETTE F, BRASSARD G, et al. Experimental quantum cryptography[J]. Journal of Cryptology, 1992, 5: 3-28.

[8] LIAO S K, CAI W C, LIU W Y, et al. Satellite-to-ground quantum key distribution[J]. Nature, 2017, 549: 43-47.

[9] YIN J, CAO Y, LI Y H, et al. Satellite-to-Ground Entanglement-Based Quantum Key Distribution[J]. Physical Review Letters, 2017, 119(20): 200501.

[10] LIAO S K, LIN J, REN J G, et al. Space-to-Ground Quantum Key Distribution Using a Small-Sized Payload on Tiangong-2 Space Lab[J]. Chinese Physics Letters, 2017, 34(9): 090302.

[11] GŨNTHNER K, KHAN I, ELSER D, et al. Quantum-limited measurements of optical signals from a geostationary satellite[J]. Optica, 2017, 4(6): 611-616.

[12] PUGH C J, KAISER S, BOURGOIN J P, et al. Airborne demonstration of a quantum key distribution receiver payload[J]. Quantum Science and Technology, 2017, 2(2): 024009.

[13] LIAO S K, CAI W Q, HANDSTEINER J, et al. Satellite-Relayed Intercontinental Quantum Network[J]. Physical Review Letters, 2018, 120(3): 030501.

[14] CALDERARO L, AGNESI C, DEQUAL D, et al. Towards quantum communication from global navigation satellite system[J]. Quantum Science and Technology, 2019, 4(1): 015012.

[15] YIN J, LI Y H, LIAO S K, et al. Entanglement-based secure quantum cryptography over 1, 120 kilometres[J]. Nature, 2020, 582(7813): 501-505.

[16] VILLAR A, LOHRMANN A, BAI X, et al. Entanglement demonstration on board a nano-satellite[J]. Optica, 2020, 7(7): 734-737.

[17] LANZAGORTA M. Underwater Communications[J]. Synthesis Lectures on Communications, 2012, 5: 1-129.

[18] LOPES M, SARWADE N. Optimized decoy state QKD for underwater free space

communication[J]. International Journal of Quantum Information, 2018, 16(2): 1850019.

[19] 张秀再，翟梦思，周丽娟，等. 海冰对水下量子通信信道性能的影响[J]. 光学学报, 2023, 43(6): 0601009.

[20] RAOUF A H F, SAFARI M, UYSAL M. Performance analysis of quantum key distribution in underwater turbulence channels[J]. Journal of the Optical Society of America B, 2020, 37(2): 564-573.

[21] ZHAO S C, HAN X H, XIAO Y, et al. Performance of underwater quantum key distribution with polarization encoding[J]. Journal of the Optical Society of America A, 2019, 36(5): 883-892.

[22] SHI P, ZHAO S C, GU Y J, et al. Channel analysis for single photon underwater free space quantum key distribution[J]. Journal of the Optical Society of America A, 2015, 32(3): 349-356.

[23] YU C, LI Y, DING J Z, et al. Photon subtraction-based continuous-variable measurement-device-independent quantum key distribution with discrete modulation over a fiber-to-water channel[J]. Communications in Theoretical Physics, 2022, 74: 035104.

[24] LI Z, ZHANG H, LIAO Q, et al. Ensemble learning for failure prediction of underwater continuous variable quantum key distribution with discrete modulations[J]. Physics Letters A, 2021, 419: 127694.

[25] JI L, GAO J, YANG A L, et al. Towards quantum communications in free-space seawater[J]. Optics Express, 2017, 25 (17): 19795-19806.

[26] HU C Q, YAN Z Q, GAO J, et al. Decoy-state quantum key distribution over a long-distance high-loss air-water channel[J]. Physical Review Applied, 2021, 15(2), 024060.

[27] HUFNAGEL F, SIT A, GRENAPIN F, et al. Characterization of an underwater channel for quantum communications in the Ottawa River[J]. Optics Express, 2019, 27(19): 26346-26354.

[28] FENG Z, LI S B, XU Z Y. Experimental underwater quantum key distribution[J]. Optics Express, 2021, 29(6): 8725-8736.

[29] DONG S C, YU Y H, ZHENG S S, et al. Practical underwater quantum key distribution based on decoy-state BB84 protocol[J]. Applied Optics, 2022, 61(15): 4471-4477.

[30] TANG X K, CHEN Z, ZHAO Z Y, et al. Experimental study on underwater continuous-variable quantum key distribution with discrete modulation[J]. Optics Express, 2022, 30(18): 32428-32437.

[31] 刘涛, 朱聪, 孙春阳, 等. 不同天气条件对自由空间量子通信系统性能的影响[J]. 光学学报, 2020, 42(2): 0227001.

第2章

量子密钥分发的理论基础

本章介绍与量子密钥分发有关的理论基础知识，主要包括量子信息基础、量子通信信道、量子密钥分发协议和蒙特卡罗方法，以便读者能够更好地理解本书后续内容。

2.1 量子信息基础

2.1.1 量子比特及其性质

比特是传统通信中进行信息传递与处理的基本单位，由二进制数“0”与“1”中的一位表示。相应地，量子比特是量子通信中的基本单位[1]，可以用狄拉克符号$|0\rangle$和$|1\rangle$表示

$$|\psi\rangle=\alpha|0\rangle+\beta|1\rangle \tag{2-1}$$

其中，α和β均为复数，并且满足$|\alpha|^2+|\beta|^2=1$。

量子比特描述了量子态，因此具有量子态的特性。在没有进行测量时，相

同时刻量子比特可以处于$|0\rangle$态，也可以处于$|1\rangle$态，还可以处于两者的叠加态$\alpha|0\rangle+\beta|1\rangle$。进行测量后，量子比特可能会以$|\alpha|^2$的概率坍缩到$|0\rangle$态，或以$|\beta|^2$的概率坍缩到$|1\rangle$态。

除了$|0\rangle$和$|1\rangle$，量子比特还可以用希尔伯特空间中的其他基矢表示。例如定义$|+\rangle=\frac{1}{\sqrt{2}}(|0\rangle+|1\rangle)$和$|-\rangle=\frac{1}{\sqrt{2}}(|0\rangle-|1\rangle)$，则量子比特可表示为

$$|\psi\rangle=\alpha|0\rangle+\beta|1\rangle=\frac{\sqrt{2}}{2}(\alpha+\beta)|+\rangle+\frac{\sqrt{2}}{2}(\alpha-\beta)|-\rangle \tag{2-2}$$

以上量子比特均为单量子比特，当出现两个以上粒子时，可以用复合量子比特表示

$$\begin{aligned}|\psi\rangle=&\alpha_1|0_10_2\cdots0_n\rangle+\alpha_2|1_10_2\cdots0_n\rangle+\cdots\alpha_{2^m}|1_11_2\cdots0_n\rangle\cdots+\\&\alpha_{2^n}|1_11_2\cdots1_n\rangle=\alpha_1|0_1\rangle|0_2\rangle\cdots|0_n\rangle+\alpha_2|1_1\rangle|0_2\rangle\cdots|0_n\rangle+\cdots\\&\alpha_{2^m}|1_1\rangle|1_2\rangle\cdots|0_n\rangle\cdots+\alpha_{2^n}|1_1\rangle|1_2\rangle\cdots|1_n\rangle\end{aligned} \tag{2-3}$$

式（2-3）中不同的角标代表不同的单个矢量基，其物理意义为不同的粒子。

基于量子力学的基本原理，量子比特具有经典比特不具备的力学原理，如量子态叠加原理、量子态不可克隆定理、海森堡测不准原理。

1. 量子态叠加原理

量子态叠加原理的一种含义：如果$|\psi_1\rangle$、$|\psi_2\rangle\cdots|\psi_n\rangle$是一个量子系统的多种可能状态，那么它们的线性叠加

$$|\psi\rangle=c_1|\psi_1\rangle+c_2|\psi_2\rangle\cdots+c_n|\psi_n\rangle \tag{2-4}$$

也是这个量子系统的一个可能状态[2]。其中，c_1、$c_2\cdots c_n$均为复数。

量子态叠加原理的另外一种含义：当一个量子系统处于态$|\psi_1\rangle$、$|\psi_2\rangle\cdots|\psi_n\rangle$的线性叠加态$|\psi\rangle$时，这个系统部分处于态$|\psi_1\rangle$、$|\psi_2\rangle\cdots|\psi_n\rangle$。此时如果对量

子态$|\psi\rangle$进行测量，测量结果将以一定的概率$|c_i|^2$坍缩到其中一个态$|\psi_i\rangle$（i=1、2⋯n）上。

例如，用$|\updownarrow\rangle$和$|\leftrightarrow\rangle$通过线性组合形成量子比特

$$|\psi\rangle = \frac{1}{2}|\leftrightarrow\rangle + \frac{\sqrt{3}}{2}|\updownarrow\rangle \tag{2-5}$$

式（2-5）中，$|\updownarrow\rangle$表示垂直方向的偏振光子，$|\leftrightarrow\rangle$表示水平方向的偏振光子，则此时光子既处于$|\updownarrow\rangle$态，又处于$|\leftrightarrow\rangle$态。进行测量后，量子比特将以 1/4 的概率坍缩到$|\leftrightarrow\rangle$态，或以 3/4 的概率坍缩到$|\updownarrow\rangle$态。

2. 量子态不可克隆定理

量子态不可克隆定理：在量子力学中，对一个未知的量子态进行精确复制，使每个复制态都与初始量子态完全相同，是不可能实现的。根据量子态不可克隆定理，在不破坏原始量子比特的情况下，不能对没有经过测量的量子比特实现精确的复制，即复制的量子比特和原始量子比特不完全相同。此定理的证明过程如下。

假设输入的量子态为$|\phi\rangle$和$|\varphi\rangle$，标准纯态为$|s\rangle$，当存在量子态克隆时，设克隆算符为 U，此时可得

$$U(|\phi\rangle|s\rangle) = |\phi\rangle|\phi\rangle \tag{2-6}$$

$$U(|\varphi\rangle|s\rangle) = |\varphi\rangle|\varphi\rangle \tag{2-7}$$

量子态$(\alpha|\phi\rangle + \beta|\varphi\rangle)$应也能被克隆，克隆的结果可以为

$$\begin{aligned} U[(\alpha|\phi\rangle + \beta|\varphi\rangle)|s\rangle] &= (\alpha|\phi\rangle + \beta|\varphi\rangle)(\alpha|\phi\rangle + \beta|\varphi\rangle) \\ &= \alpha^2|\phi\rangle|\phi\rangle + \alpha\beta|\phi\rangle|\varphi\rangle + \beta\alpha|\varphi\rangle|\phi\rangle + \beta^2|\varphi\rangle|\varphi\rangle \end{aligned} \tag{2-8}$$

克隆的结果也可以为

$$U[(\alpha|\phi\rangle+\beta|\varphi\rangle)|s\rangle]=\alpha U(|\phi\rangle|s\rangle)+\beta U(|\varphi\rangle|s\rangle)$$
$$=\alpha(|\phi\rangle|\phi\rangle)+\beta(|\varphi\rangle|\varphi\rangle) \tag{2-9}$$

从式（2-8）和式（2-9）可以明显看出，对量子态$(\alpha|\phi\rangle+\beta|\varphi\rangle)$进行克隆的结果是矛盾的，所以量子态不可克隆。

3．海森堡测不准原理

1927 年，德国物理学家海森堡提出了测不准原理。该原理认为，同一个量子体系中的两个不对易的量不能同时取确定值。例如，一个粒子的位置和它本身的动量不可能被同时确定。可以简单理解为，当对粒子的位置进行精确测量时，其动量无法被确定；反之，当粒子的动量确定时，则无法对其位置进行精确测量。

在量子力学中，任意两个可观测力学量 A 和 B 可分别由厄米算符 $\hat{A}$ 和 $\hat{B}$ 表示。如果 A 和 B 不对易，必满足测不准关系式

$$\Delta\hat{A}\times\Delta\hat{B}\geqslant\frac{1}{2}\left|\overline{[\hat{A},\hat{B}]}\right| \tag{2-10}$$

式（2-10）中，$\Delta\hat{A}=\sqrt{\langle\hat{A}^2\rangle-\langle\hat{A}\rangle^2}$ 和 $\Delta\hat{B}=\sqrt{\langle\hat{B}^2\rangle-\langle\hat{B}\rangle^2}$ 分别表示物理可观测量 A 和 B 的方差的均方根。

量子比特中也有海森堡测不准原理的体现。该原理规定只有采用正确的基测量才能获得量子比特$|\psi\rangle$的状态，这也是经典比特和量子比特的重要区别。例如，式（2-1）中基本量子比特的表达式$|\psi\rangle$由$|0\rangle$态和$|1\rangle$态的叠加态构成，需要通过对$|\psi\rangle$进行测量来获得其状态。当选用错误的基时，无法确定测量结果，反之，采用正确的基能够确定$|\psi\rangle$的状态。而经典比特中的测量结果不是 0 就是 1，具有确定性。

海森堡测不准原理使量子通信的无条件安全性得到保证。试想，将数据

信息用一对不对易的物理量进行编码，接收者对其中的一个物理量进行测量时，必定会影响另一个物理量。由此可见，窃听者一旦出现窃听行为，一定会被发现。

2.1.2 量子密度算子

在量子力学系统中，可以利用密度算子（也称为密度矩阵）来表示不完全已知状态的量子系统$\{p_i,|\psi_i\rangle\}$。密度算子$\boldsymbol{\rho}$可表示为

$$\boldsymbol{\rho}=\sum_i p_i|\psi_i\rangle\langle\psi_i| \tag{2-11}$$

式（2-11）中，p_i表示量子系统处于$|\psi_i\rangle$状态的概率，满足$\sum_i p_i=1$。

密度算子$\boldsymbol{\rho}$的性质：$\boldsymbol{\rho}^+=\boldsymbol{\rho}$是厄米的，且$\boldsymbol{\rho}$的迹是1，即

$$\mathrm{tr}=\sum_i p_i\mathrm{tr}\left(|\psi_i\rangle\langle\psi_i|\right)=\sum_i p_i\mathrm{tr}\left\||\psi_i\rangle\right|^2=\sum_i p_i=1 \tag{2-12}$$

式（2-12）中，$\left\||\psi_i\rangle\right|^2$表示态矢量的长度。

2.1.3 量子测量

量子体系中的可观测力学量用线性厄米算符描述，其满足

$$F=F^\dagger \tag{2-13}$$

线性厄米算符的本征值为实数，且属于不同本征值的本征基矢彼此正交。在对量子体系进行量子测量（一般测量）时，用一系列满足完备性条件的线性厄米算符$\{K_i\}$描述，即

$$\sum_i K_i^\dagger K_i=I \tag{2-14}$$

其中下标 i 表示可能的测量结果。

对量子态 $|\psi\rangle$ 进行测量，得到测量结果 i 的概率为

$$p_i = \langle\psi|K_i^{\dagger}K_i|\psi\rangle \tag{2-15}$$

测量后得到的量子态为

$$|\psi'\rangle = \frac{K_i|\psi\rangle}{\sqrt{\langle\psi|K_i^{\dagger}K_i|\psi\rangle}} \tag{2-16}$$

正交投影测量是指将量子态在一组正交归一基 $\{|m_i\rangle\}$ 上进行的投影测量，是量子测量中十分重要且特殊的一种方式。$\{\Pi_i = |m_i\rangle\langle m_i|\}$ 为正交投影算符，对量子态 $|\psi\rangle$ 进行正交投影测量后，对应特征值 m_i 的测量结果的概率为

$$p_{m_i} = \langle\psi|\Pi_i|\psi\rangle = |\langle\psi|m_i\rangle|^2 \tag{2-17}$$

2.2　量子通信信道

从传输介质上对信道进行分类，量子通信信道可以分为光纤信道和自由空间信道。由于空间介质不同，自由空间信道主要包括大气信道和海水信道。下面分别对这 2 种自由空间信道的物理特性进行介绍。

2.2.1　大气信道

大气信道就是以大气为传输介质的通信信道。大气是一种构成很复杂的混合物，主要包括大气分子、水蒸气、气溶胶、液体杂质以及固体杂质（烟、雾、尘埃和各种污染物）等。另外，大气的密度、温度、压力等无时无刻不在变化。

因此，大气对光量子信号而言就是一种随机的传输介质，会对光量子信号的传输产生很大的干扰，这些干扰主要包括大气衰减和大气湍流，而大气衰减又主要由大气吸收效应和大气散射效应造成。

1. 大气衰减

光量子在大气中传播时会受到大气衰减影响，这种影响主要包括大气分子、气溶胶引起的吸收和散射，其中气溶胶指的是分散和悬浮在空气中的微小固体或液体颗粒，如微尘等。因此，衰减系数σ的主要构成为

$$\sigma = \alpha_{\mathrm{m}} + \alpha_{\mathrm{a}} + \beta_{\mathrm{m}} + \beta_{\mathrm{a}} \tag{2-18}$$

其中，α_{m}、α_{a}分别是大气分子和气溶胶对应的吸收系数，β_{m}、β_{a}分别是大气分子和气溶胶对应的散射系数。

（1）大气吸收效应

大气吸收效应本质上是大气分子或气溶胶吸收入射光子能量的过程，大气吸收的显著特点是不影响光量子本身的传输质量，只是降低其传输功率从而影响通信系统的传输性能。大气吸收可进一步分为大气分子吸收和气溶胶吸收，它们都是一种选择性吸收光学现象。相关研究表明，在可见光（0.4～0.76 μm）和红外光（0.76～1000 μm）波段中，气溶胶吸收的影响可以忽略不计。由于自由空间量子密钥分发系统中使用的光波长都处于可见光和近红外光波段范围内，因此研究光量子在大气中的传输时，气溶胶吸收的影响可以被忽略，即$\alpha_{\mathrm{a}}=0$。

大气分子吸收与大气分子的组成、密度以及内部运动形态有关。极性分子的内部运动一般由分子内电子运动、组成分子的原子振动以及分子绕其质量中心的转动组成，相应的共振吸收频率分别与紫外光、可见光、近红外光、中红外光以及远红外光相对应，由此可见大气分子的吸收特性强烈地依赖于光波波长。虽然大气的主要成分是N_2和O_2，它们的总含量占大气成分的98%以上，但是它们在可见光和近、中红外光区域几乎不表现吸收效应，对远红

外光区域和微波波段才呈现出很大的吸收效应，所以在自由空间量子密钥分发中可以不考虑它们的吸收作用。大气中除了包含上述分子外，还包含 He、Ar、O_3、Ne 等，这些分子在可见光和近红外光区域有可观的吸收谱线，但因为它们在大气中的含量甚微，一般也不考虑其吸收效应的影响。H_2O 和 CO_2 分子，特别是 H_2O 分子在近红外光区域有较宽的振动–转动及纯振动结构，是可见光和近红外光区域最重要的吸收分子，是晴天大气光学衰减的主要因素。

通常每个特定的大气分子具有一个或多个固定的吸收波长，这种大气分子的选择性吸收现象致使大气光谱中呈现一些透明区域，这些透明区域被称为大气透射窗口（传输窗口）[3]，如图 2-1 所示。表 2-1 显示了大气中主要的吸收分子对应的吸收波长中心点。从图 2-1 可以看出，不同波长光量子信号的大气透射率不同，透射率越高，意味着光量子信号被大气吸收的能量越小。在图 2-1 给出的大气透射窗口范围中，3.4～4.1 μm 波段具有最高的大气透射率。

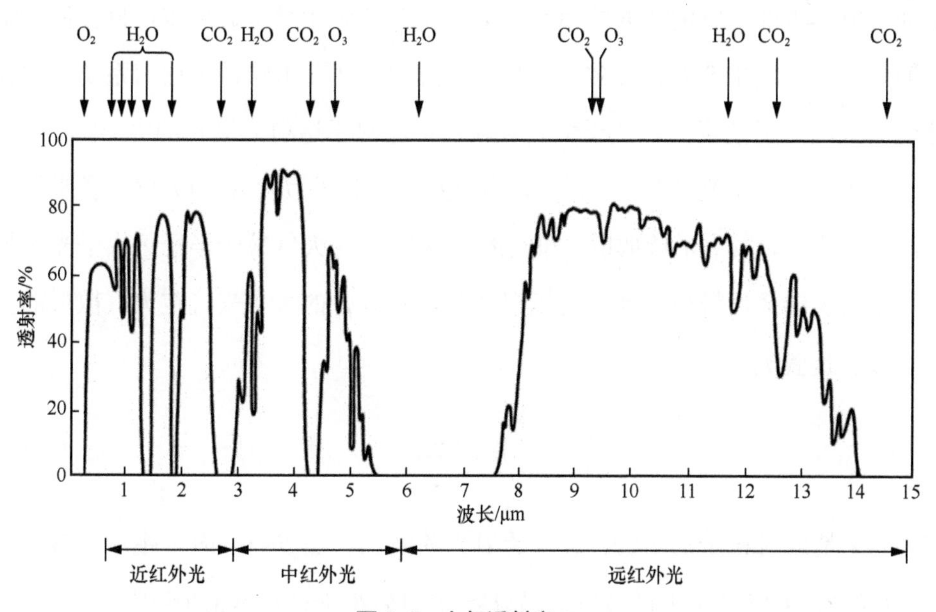

图 2-1　大气透射窗口

表 2-1 大气中主要的吸收分子对应的吸收波长中心点

主要的吸收分子	吸收波长中心点/μm
H_2O	0.72, 0.94, 1.13, 1.38, 1.87, 3.15, 6.16, 11.7
CO_2	2.8, 4.3, 9.4, 12.5, 14.4
O_2	0.2
O_3	4.75, 9.6

根据前面的介绍可知，为了减少大气吸收效应的影响，自由空间量子密钥分发系统的信号光波长必须处于大气透射窗口范围内，此时大气吸收效应引起的衰减 α_m 和 α_a 相对于总衰减系数 σ 来说可以被忽略不计[4]，于是式（2-18）可以简化为

$$\sigma = \beta_m + \beta_a \tag{2-19}$$

（2）大气散射效应

大气散射效应是大气中的大气分子、大的水滴、雾霾和灰尘等颗粒物对光束的折射和散射。它的显著特点是不会对光量子的能量造成衰减，只会使光量子的传输方向发生改变，导致其偏离接收方向，从而影响量子通信系统的接收性能。大气散射的类型取决于大气颗粒尺寸相对于透射光波长的大小[5]，当大气粒子半径远小于光波长时，发生瑞利散射（即分子散射）；当大气粒子半径与光波长相当时，发生米氏散射（即气溶胶散射）；当大气粒子半径远大于光波长时，发生无选择性散射。通常可以根据散射系数 β 的大小来确定大气散射的类型，其表达式为

$$\beta = \frac{2\pi r}{\lambda} \tag{2-20}$$

其中，r 是散射粒子的半径，λ 是透射光的波长。当 $\beta<0.1$ 时发生瑞利散射，当 $0.1\leqslant\beta<50$ 时发生米氏散射，当 $\beta\geqslant 50$ 时发生无选择性散射[5, 6]。

表 2-2 显示了不同天气条件下对应的典型大气散射粒子半径，以及通过式(2-20)计算得到的几种不同波长(785 nm、1550 nm、4000 nm 和 10 000 nm)对应的散射系数 β 。

表 2-2　典型的大气散射粒子半径及不同光波长对应的散射系数 β

类型	半径/μm	785 nm 对应的 β	1550 nm 对应的 β	4000 nm 对应的 β	10 000 nm 对应的 β
分子	0.0001	0.0008	0.0004	0.000 16	0.000 06
霾	0.01～1	0.08～8	0.04～4	0.016～1.6	0.006～0.6
雾	1～20	8～160	4～80	1.6～32	0.6～12
雨	100～10 000	800～80 000	400～40 000	160～16 000	60～6000
雪	1000～5000	8000～40 000	4000～20 000	1600～8000	600～3000
冰雹	5000～50 000	40 000～400 000	20 000～200 000	8000～80 000	3000～30 000

相关研究表明，在自由空间量子密钥分发所涉及的光波长范围内，相对于总的大气衰减来说，瑞利散射和无选择性散射引起的衰减影响非常小[7]。因此，衰减系数 σ 最终可通过计算大气气溶胶引起的散射（即米氏散射）系数 β_a 来近似。以 km^{-1} 为单位的米氏散射系数 β_a 可由下式计算得到

$$\beta_a = \frac{3.91}{V}\left(\frac{\lambda}{550}\right)^{-q} \tag{2-21}$$

式（2-21）中，λ 是光波长，单位为 nm；V 是能见度，单位为 km，它表示人类观察者能看到的最远距离[3]；系数 q 取决于粒度分布，可由克鲁斯关系或金姆关系表示[3, 5, 8]。在此选用后一种关系表示，则系数 q 的表达式为

$$q = \begin{cases} 1.6, & V > 50 \\ 1.3, & 6 < V \leqslant 50 \\ 0.16V + 0.34, & 1 < V \leqslant 6 \\ V - 0.5, & 0.5 < V \leqslant 1 \\ 0, & V \leqslant 0.5 \end{cases} \tag{2-22}$$

由式（2-21）和式（2-22）计算得到的米氏散射系数 β_a 或大气衰减系数 σ 是以 km^{-1} 为单位的，然而具体的大气衰减值 α_{spec} 一般是以 dB/km 为单位的，因此需要通过式（2-23）进行单位变换

$$\alpha_{spec} = 10\beta_a \lg(e)=10\sigma \lg(e) \tag{2-23}$$

从式（2-21）～式（2-23）可知：当能见度小于 0.5 km 时，不管光波长是多少，其所受大气衰减的影响相同，即大气衰减值和光波长是相互独立的；然而当能见度超过 0.5 km 时，不管在何种天气条件下，大气衰减值都会随着光波长的增大而减小。利用式（2-21）～式（2-23）计算得到不同能见度（天气条件）下 785 nm、1550 nm、4000 nm 和 10 000 nm 波长光量子信号的大气衰减值如表 2-3 所示。

表 2-3　不同波长光量子信号在不同能见度下的大气衰减值

能见度 *V*/km	785 nm 波长光量子信号的大气衰减值/dB·km^{-1}	1550 nm 波长光量子信号的大气衰减值/dB·km^{-1}	4000 nm 波长光量子信号的大气衰减值/dB·km^{-1}	10 000 nm 波长光量子信号的大气衰减值/dB·km^{-1}	天气条件
0.05	340	340	340	340	雾天
0.5	34	34	34	34	
1	14	10	6	4	
2	7	4	2	1	霾天
4	3	1.5	0.6	0.25	
10	1	0.4	0.13	0.04	晴天
23	0.5	0.2	0.06	0.02	

不同波长光量子信号对应的大气衰减值随能见度变化的变化曲线如图 2-2 所示。从图 2-2 中可以明显看出，随着光波长的增加，光量子信号受到的大气衰减减小。

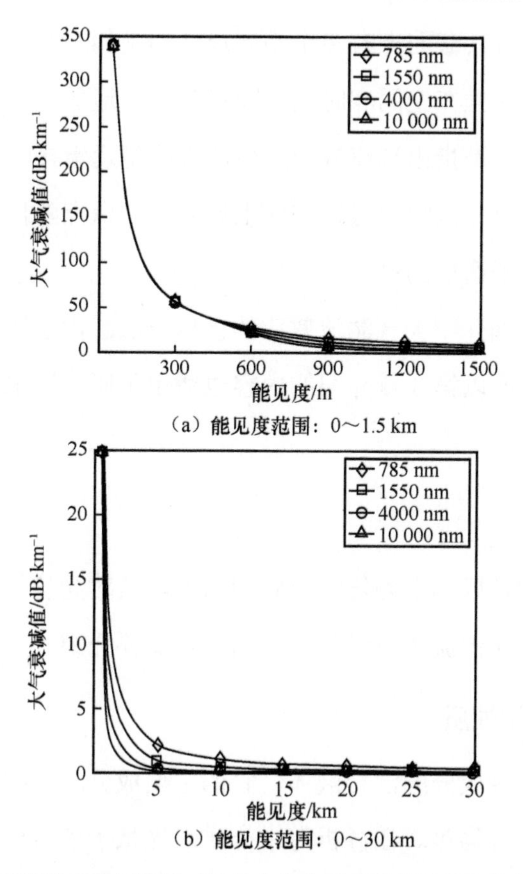

（a）能见度范围：0～1.5 km

（b）能见度范围：0～30 km

图 2-2　不同波长光量子信号对应的大气衰减值随能见度变化的变化曲线

2. 大气湍流

大气湍流指的是大气折射率随机变化的一种现象，是由大气温度、压力、气流随机变化引起的。由于大气时刻都在变化，会形成许多不同的旋涡元。旋涡元在风速的影响下会不断产生和消失，并且进行无规则运动，最终碰撞叠加形成湍流。大气湍流会使光量子信号在接收端发生随机起伏，产生光束漂移、光束展宽、光强闪烁和到达角起伏等现象。其中光束漂移是指当湍流外尺度大于光束尺寸时，湍流引起的光束整体随机漂移，导致接收端信号功率减弱。光束展宽是指湍流旋涡引起的光斑面积展宽，使光束截面内的功率密度降低，从而导致接收端的功率下降。光强闪烁是指当湍流旋涡尺度远小于光束直径时，光束通过湍流介质时其截面上有多个不同尺寸的旋涡对光束进行反射、散射以及衍射，导致光斑光强在空间和时间上随机起伏，造成接收端探测到的光强时大时小。到达角起伏是指由湍流效应产生的接收望远镜接收的光束的到达角随机抖动现象，这会引起接收望远镜焦面上所获得的像点随机抖动。上述这些现象都会直接影响量子通信的性能。

第 3 章将会详细介绍大气湍流效应的模拟方法。由于海水湍流具有与大气湍流相似的特性，所以第 3 章介绍的内容也适用于研究海水湍流特性。

2.2.2 海水信道

海水信道指的是以海水为传输介质的信道，其对光量子信号的干扰主要由海水的吸收、散射和湍流效应引起，下面进行简要介绍。

1. 海水的光学性质

海水是含有多种成分的混合液体，它的主要成分除了纯水外，还含有悬浮颗粒物、盐分和溶解物等。在分析海水介质对光量子信号传输产生的衰减作用时，盐分对光量子信号的衰减影响很小，可以忽略不计。悬浮颗粒物和溶解物是使光量子信号在海水中产生衰减的主要原因，其中悬浮颗粒物主要由浮游植物和非色素悬浮粒子组成，溶解物一般为腐殖酸和黄腐酸，它们是构成海水固有光学特性的主要成分[9]。

海水衰减作用一方面表现在海水介质对光量子信号的吸收。海水吸收引起的光量子信号衰减的大小与海水中所含成分的种类密不可分。溶解物和悬浮颗粒物对光量子信号产生的吸收作用都可以转化为浮游植物、腐殖酸和黄腐酸等对光量子信号的吸收。研究表明，海水对蓝绿光波段（450～580 nm）的吸收作用较弱，因此水下量子密钥分发系统使用的信号光波长都处于蓝绿光波段范围内。

海水衰减作用另一方面表现在海水介质对光量子信号的散射。当发生散射时，光量子信号会偏离原先的传播路径从而引起接收能量减少。海水的散射作用主要来源于纯水和各种杂质粒子散射的叠加。在蓝绿光波段，纯水的散射系数较小，对散射过程的影响也很小。杂质粒子的散射主要分为瑞利散射和米氏散射两种。当发生瑞利散射时，随着光波长的增加或粒子半径减小，散射强度减弱。发生米氏散射的粒子半径相对较大，散射强度会受散射角度、粒子的种类和形状等因素影响[9]。由于海水中的杂质粒子数量大且种类多，想对其直径进行测量是很难实现的，因此可以选择将海水散射模型转化为基于叶绿素浓度分布的散射系数模型进行研究，从而简化海水散射的分析过程。

2．海水湍流

与海水衰减作用一样，海水湍流也是导致水下量子通信系统性能下降的关键因素。海水内部水流的无规则运动造成水体中任意位置的传输速率紊乱、方向无序[10]，从而形成海水湍流效应。海水湍流的作用是扩散溶质和传递水体中的能量，并使大范围的涡流能量向小规模的涡流能量转移。光量子信号受到海水湍流的影响与受到大气湍流的影响类似，如会产生光束漂移和光强闪烁等效应，这些都将使水下量子通信系统的性能变差。

下面对几种重要的海水湍流特性参数进行介绍[11, 12]。

① 单位质量湍流动能耗散率ε：单位质量的海水湍流动能与热运动动能之间的转化速率。ε的取值区间为$[10^{-10},10^{-1}]$，在浅海区域约为 $10^{-1}\ \mathrm{m^2/s^3}$，而在深海区约为$10^{-10}\ \mathrm{m^2/s^3}$。

② 均方温度耗散率χ_{T}：海水分子不断运动、互相碰撞产生热量传导，引起海水温度的波动，该波动可以用温度耗散率来衡量。湍流效应越强的区域，温度耗散率越大。χ_{T}的取值区间为$[10^{-10},10^{-4}]$，单位为$\mathrm{K^2/s}$。

③ 温盐平衡参数（温盐比）ω：温度和盐度的不均匀分布严重影响海水湍流的强度，可以用温度和盐度波动的比值ω来衡量温度或盐度对海水湍流的贡献，ω的取值一般为-5～0。ω接近0时，湍流主要受盐度影响；ω接近-5时，

湍流主要受温度影响。

④ Kolmogorov 尺度η：海水湍流 Kolmogorov 尺度可用运动黏度系数和湍流动能耗散率来衡量。从浅海到深海区域η的取值区间为$[6\times10^{-5},0.01]$，单位为 m。η也近似于海水湍流的内尺度。

⑤ 外尺度L_0：当外界能量进入海水湍流时，海水湍流形成的尺度称为外尺度。

2.2.3 光纤信道

光量子信号在光纤中传输时会受到色散、损耗等影响，色散会使光量子信号脉冲展宽，导致信号失真；损耗会使光量子信号的能量随着传输距离的增加而降低。

1. 光纤损耗

光纤的损耗用衰减系数α来表述，单位为 dB/km。设光纤的传输距离为L，则单光子脉冲的通过率t_{f}为

$$t_{\mathrm{f}}=10^{-\frac{\alpha L}{10}} \tag{2-24}$$

当波长取 1330 nm 时，$\alpha\approx0.34$ dB/km；当波长取 1550 nm 时，$\alpha\approx0.2$ dB/km。光量子信号的传输距离与光纤信道的损耗密切相关。损耗一般来自 3 个方面：光纤材料的吸收与散射损耗、光纤中的微弯与宏弯辐射损耗、光纤的链接和耦合损耗[13]。第一种损耗来自光纤制造和材料，是最主要的损耗；后两种损耗是光纤使用及光系统连接时引起的，在实际线路中都需要受到重视。

2. 光纤色散

色散是因为光量子信号的不同频率成分或不同的模式分量以不同的速度传播，产生的信号失真现象。光纤中脉冲展宽的机理分为 3 种：模式色散、材料色散和波导色散。由于材料色散和波导色散都与波长有关，所以二者常合称为

（色度）色散，也称为模内色散。根据光纤透射窗口，光纤量子通信系统可以使用 3 类典型波长：890 nm、1310 nm 和 1550 nm，不同波长具有的色散和衰减特性不同。

2.3　量子密钥分发协议

量子密钥分发系统示意如图 2-3 所示。从图中可以看出，量子密钥分发系统存在两种信道，一种是量子信道，另一种是经典信道，发射机和接收机通过这两种信道进行连接，将对称密钥共享给对方。量子信道用于在发射机和接收机之间发送光量子态，不需要进行安全保护。接收机接收到来自发射机的量子比特后，双方通过公共信道对使用的测量基的类型进行协商，并通过对误码率等参数的估计丢弃可能被窃听的光子，随后经过纠错、身份验证、隐私放大等处理后得到双方通信所需要的最终密钥。

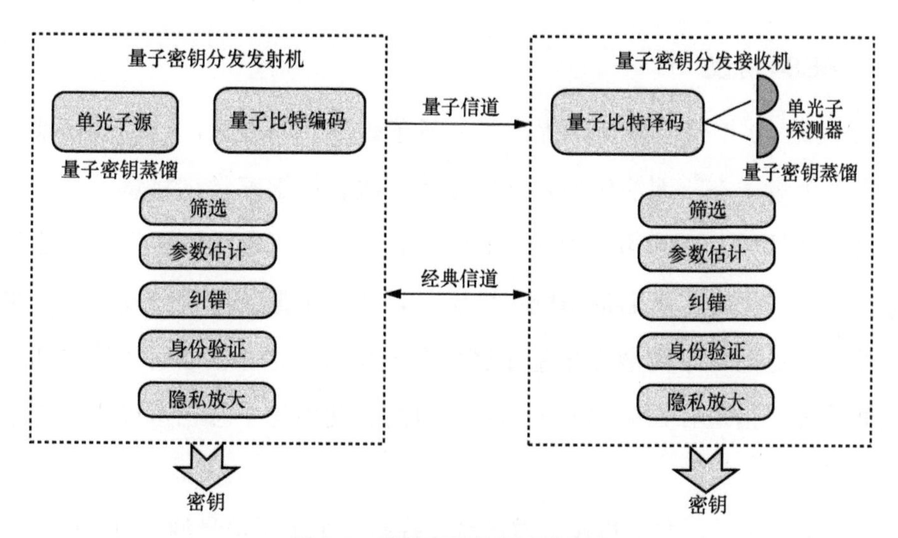

图 2-3　量子密钥分发系统示意

在量子密钥分发系统开始设计时，首先需要完成的就是协议设计，以此为基础才能判断在物理上是否可行，以及是否可以保证安全性。量子密钥分发协议可以分为两大类[1]：离散变量量子密钥分发（DVQKD）协议和连续变量量子密钥分发（CVQKD）协议。DVQKD 协议是指将每一位私有信息编码到光量子信号的离散自由度上，在一个通用的准备–测量协议中，发射机将每个经典位编码在一个单独光子的偏振或相位上，然后将其传输给接收机。接收机对每个传入信号执行一组规定的测量，从而获得在其状态下编码的经典数据。在 CVQKD 协议中，用于编码的量子态所在的希尔伯特空间是无限维且连续的，信息的载体不再是单光子的偏振或者相位，而是光场态的正则分量（如相空间中的“位置”和“动量”）。

下面主要对几个典型的 DVQKD 协议和 CVQKD 协议进行介绍，若想了解更多关于量子密钥分发协议的相关内容，可以参考《量子密码》[1]等其他量子通信书籍。

2.3.1 离散变量量子密钥分发协议

1. BB84 协议

20 世纪 70 年代，威斯纳提出了“量子钞票”的概念，这种“钞票”被刻上了多个量子态，无法伪造，这也是第一次有科学家尝试将量子力学运用到信息安全领域。1984 年，Bennett 和 Brassard 在“量子钞票”的思想基础上进行延伸，提出了著名的 BB84 协议[14]，即首个量子密钥分发协议，也是目前使用广泛的一个离散变量量子密钥分发协议。此协议证明了尽管通信双方之间的公开信道存在被窃听的可能，但两者使用量子态也可以进行安全的密钥交换。

如图 2-4 所示，发射机作为发送者，拥有一个量子信号源，可以随机调制产生 4 种量子态信号，分别属于两种基矢，每种基矢互相正交。量子信号经调制后通过量子信道传输给接收机，随后接收机随机选择一种基矢对接收到的量子信号进行有效测量，并利用经典信道来传输基矢比对信息。

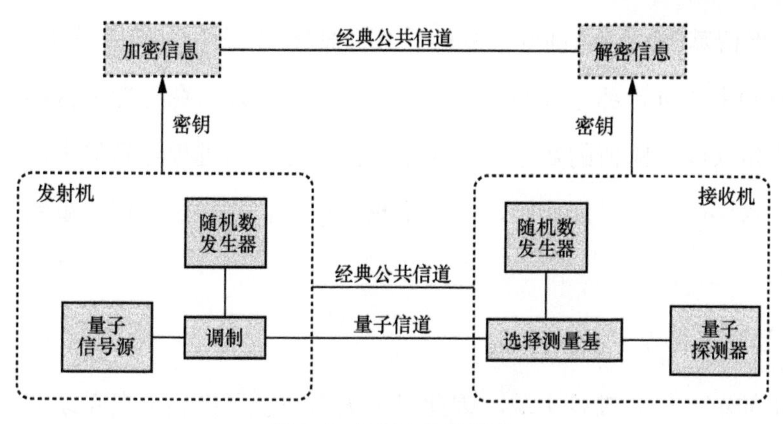

图 2-4　BB84 协议示意

下面对 BB84 协议进行详细的说明。

假设发射机随机产生一组二进制数据，并将它们随机制备到水平偏振态 $|H\rangle$、竖直偏振态 $|V\rangle$、+45°偏振态 $|+\rangle$ 或−45°偏振态 $|-\rangle$ 中的一个，然后发送给接收机。接收机收到量子态后随机选择一组基矢（H/V 或者+/−）进行测量。由于发射机和接收机随机选择基矢，那么存在 1/2 的概率采用相同的基矢，并获得完全关联的结果；存在 1/2 的概率采用不同的基矢，那么有一半的概率获得相同结果，一半的概率获得相反结果，如图 2-5 所示。上述过程最终导致接收机所测数据有 1/4 的错误率。

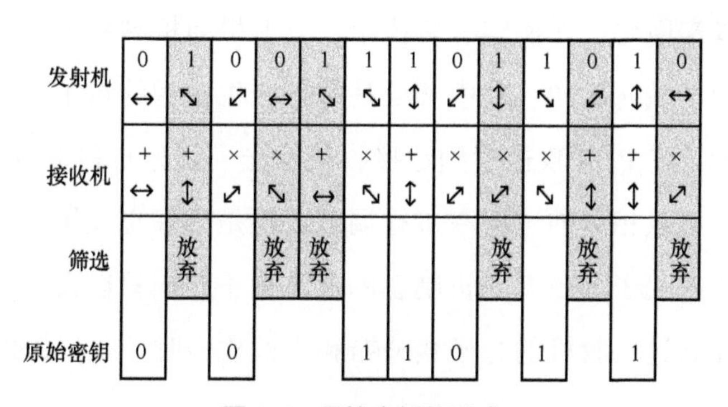

图 2-5　原始密钥的形成

为了降低错误率，发射机和接收机会通过对比基矢筛选出关联的结果。接收机通过经典信道公开测量基矢，发射机将自己的基矢与接收机选择的基矢进行对比，保留基矢相同的部分，丢弃不同的部分，留下的部分就称为原始密钥。随后对原始密钥进行部分公开，从而估计误码率以判断窃听者是否存在。最后对小于一定误码率阈值的数据进行纠错，然后对密钥进行隐私放大，得到最终的密钥。当误码率超过阈值时，终止本轮协议，舍弃此段密钥，重新开始发送新的密钥。

2. 诱骗态协议

真正的单光子源难以实现，因此目前大多数量子密钥分发系统使用弱相干激光脉冲代替单光子源。但是，无论将这种激光脉冲的平均光子数设定为多少，最后总会大于一个光子，这就使得窃听者有机可乘，通过光子数分离（PNS）攻击来进行窃听。PNS 攻击是指窃听者将包含多个光子的激光脉冲中的一个光子分离出来存储到量子存储器，然后将剩下的光子继续发送给接收机，直到通信双方通过公共信道公布测量基，才可以用相同的测量基测量截取的光子，从而窃取密钥。

2003 年，Hwang 提出了“诱骗态”思想[15]，通过在量子密钥分发过程中不断测试量子信道来防止 PNS 攻击。2005 年，加拿大多伦多大学的 LO H K 等人和我国清华大学的王向斌教授分别独立地提出了诱骗态协议[16, 17]，使诱骗态思想得以实用化。在诱骗态协议中，发射机随机制备多种具有不同平均光子数的弱相干激光脉冲，其中一种是用于产生密钥的量子态，其余为诱骗态。窃听者为了使 PNS 攻击后到达接收机的光子数分布和未被攻击时一致，需要对与光子数量相关的透射率进行调节。但是诱骗态光子的存在使窃听者无法区分截取的光子属于发射机制备的哪种相干光，只能采用无差别处理，因此无法保证到达接收机的光子数分布和未被攻击时一致，PNS 攻击便会不可避免地被检测到。

3. 其他协议

除 BB84 协议和诱骗态协议外，DVQKD 协议还包括 B92、E91 协议[1]。

相对于 BB84 的四态协议，Bennett 等人提出的 B92 协议作为一种二态协议，相当于在 BB84 协议的基础上进行了简化，可以使用任意两个非正交量子态来实现密钥分配。

英国牛津大学的 Ekert A 提出的 E91 协议是利用量子系统纠缠特性的非定域性对量子信息进行传递，使密钥分配的实现更加灵活，并且可以使用贝尔不等式来验证窃听者的存在。

2.3.2　连续变量量子密钥分发协议

基于单光子的量子密钥分发已经进入了实用化阶段，但无论是在 BB84 协议中使用单光子传输还是在诱骗态协议中使用弱相干光传输，都存在光强弱、抗干扰能力差的缺点，导致损耗大，安全通信速率和距离都受到了限制。基于连续变量的量子通信协议具有平均光子数高、抗干扰能力强等优点，因此自从被提出就得到了快速的发展。

从光源的角度来看，CVQKD 协议分为压缩态协议、相干态协议和纠缠态协议。其中相干态和经典光是最接近的，更易于制备，而压缩态和纠缠态的制备较难。下面主要介绍基于高斯调制的相干态 CVQKD 协议，又称 GG02 协议，这是目前 CVQKD 协议中使用最广泛的一种。基于制备–测量的 CVQKD 模型如图 2-6 所示。

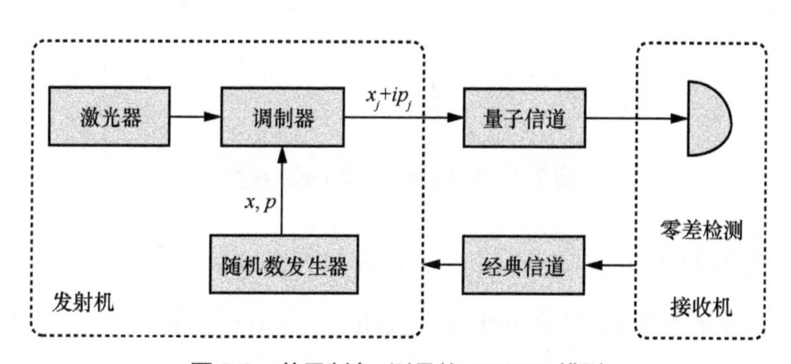

图 2-6　基于制备–测量的 CVQKD 模型

以图 2-6 所示的模型为基础，GG02 协议的流程如下。

步骤 1：发射机通过随机数发生器产生 $2M$ 个服从高斯分布且均值为 0、方差为 V_A 的随机数 $X=\{x_1,x_2,\cdots,x_M\}$ 和 $P=\{p_1,p_2,\cdots,p_M\}$，使其对一组 M 个相干态信号分别进行幅度调制和相位调制，最后构成 M 个加密的相干态信号 x_j+ip_j，并通过量子信道将其发送给接收机，其中 $j\in\{1,2,\cdots,M\}$。

步骤 2：同样地，接收机需要生成 M 个随机数作为测量基，利用测量基随机选择 X 或者 P 分量进行零差检测，最终生成 M 个测量值。

步骤 3：接收机利用经典信道将其所选用的测量基告诉发射机，然后发射机将这些测量基与发送给接收机的随机数进行对比和筛选，最终留下 M 个与接收机产生的随机数相关的高斯随机数，从而提取到原始密钥。

步骤 4：发射机和接收机从 M 个原始密钥中随机选取 N 个数据公开比较进行窃听检测，确定窃听者所能获取信息的上限。

步骤 5：发射机和接收机对协商后的密钥进行进一步纠错和保密增强，最终得到相同的安全密钥。

安全密钥率的理论估算非常重要，为了便于分析，在此将基于制备–测量的 CVQKD 模型等价为基于纠缠的 CVQKD 模型，如图 2-7 所示。

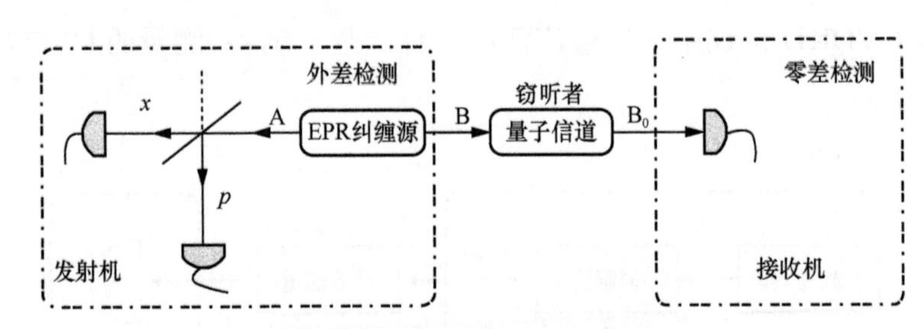

图 2-7　基于纠缠的 CVQKD 模型

基于纠缠的 CVQKD 模型的主要通信流程如下。

步骤 1：发射机制备 M 个 EPR 纠缠态 $|\varphi\rangle_{AB}$ 并对保留模式 A 进行外差检测，得到了一组正交分量 (x,p)；同时将另一种模式 B 投影到以 (x,p) 为中心的相干

态上，再将其通过量子信道发送给接收机。

步骤 2：模式 B 经过存在噪声的量子信道后，到达接收机时变为模式 B_0，接收机随机选择测量基对其进行零差检测。

步骤 3：根据发射机和接收机之间使用正向协调协议还是反向协调协议进行后处理，最终得到安全密钥。

假设通信双方采用反向协调协议进行纠错，在集体攻击下最终的安全密钥率为

$$K_{\mathrm{coh}} = I(\mathrm{A:B}) - \chi(\mathrm{B:E}) \tag{2-25}$$

式（2-25）中，$I(\mathrm{A:B})$ 表示发射机和接收机之间的香农互信息；$\chi(\mathrm{B:E})$ 是窃听者从接收机处所能获得的信息量的上限，即 Holevo 界，其定义为

$$\chi(\mathrm{B:E}) = S(\rho_{\mathrm{E}}) - \int P_{\mathrm{B}} S(\rho_{\mathrm{E}}^{\mathrm{B}}) \mathrm{d}B \tag{2-26}$$

其中，P_{B} 表示接收机测量值的概率密度，$\rho_{\mathrm{E}}^{\mathrm{B}}$ 是窃听者在接收机测量了结果 B 后所处的量子态，$S(\rho_{\mathrm{E}})$ 为冯・诺依曼熵。对于高斯态，$S(\rho_{\mathrm{E}})$ 可表示为

$$S(\rho_{\mathrm{E}}) = \sum_i G\left(\frac{\lambda_i - 1}{2}\right) \tag{2-27}$$

式（2-27）中，$G(x) = (x+1)\mathrm{lb}(x+1) - x\mathrm{lb}(x)$，$\lambda_i$ 是协方差矩阵的辛特征值。

2.4　蒙特卡罗方法

2.4.1　蒙特卡罗方法简介

蒙特卡罗方法是一种基于随机概率分布的数值模拟方法[18]，可以用于模拟量子信号在自由空间中的传输过程。蒙特卡罗方法本质上是进行随机抽样的过程，可利用随机数求解很多计算量大的问题。其基本思想是，当需要解决的随机问题以事件的概率值出现时，则通过进行大量的实验来估计该随机问题的概

率并将其作为问题的解。具体过程如下。

（1）建立或描述概率过程

当需要解决的问题具有一定随机性时，应准确描述该问题的随机过程。相反，当解决的问题不存在随机性时，应该建立一个随机过程，使随机过程的一些参数与问题的解一致。

（2）从已知概率分布中抽样

建立的随机分布具有一定的概率性。基于随机分布抽样产生随机数，该随机数也是具有概率性的随机变量，此过程是蒙特卡罗方法模拟的基本手段。

（3）建立各种估计量

选择步骤（2）产生的一个随机数作为待解决问题的解，然后建立估计值，对仿真结果进行计算和比较，得到问题的最终解。

2.4.2 蒙特卡罗方法模拟流程

利用蒙特卡罗方法模拟大气信道中光子的传输过程已越来越普遍，这也推进了将蒙特卡罗方法应用于海水信道中。下面以水下量子密钥分发为背景，说明蒙特卡罗方法的模拟流程。由于光量子信号在海水中传输时会发生随机衰减，故可在实验中通过发射大量光子，跟踪光子的传输路径并对接收机接收到的光子进行统计，来分析水下量子密钥分发的特性。

蒙特卡罗方法模拟偏振态光子水下传输的具体步骤如下。

步骤 1：发射光子，设置蒙特卡罗方法模拟的初始条件，包括光子的初始传播位置、出射方向、参考平面（如 *XOZ*）、入射光子数、入射波长、入射光子偏振态、探测器孔径和视场角等，完成后进入下一步。

步骤 2：设置光子传输参数，包括光子传输步长和移动一次后的新位置，完成后进入下一步。

光子传输步长 step 的计算式为[18]

$$\text{step} = -\frac{\ln(\xi_1)}{a+b} \tag{2-28}$$

式（2-28）中，ξ_1 为 0～1 均匀分布，a 和 b 分别为海水的吸收系数和散射系数。

光子新位置的计算式为[18]

$$\begin{cases} x' = x + \mu_x \times \text{step} \\ y' = y + \mu_y \times \text{step} \\ z' = z + \mu_z \times \text{step} \end{cases} \tag{2-29}$$

式（2-29）中，(x', y', z') 为光子移动后的新位置，(x, y, z) 为移动前的位置，(μ_x, μ_y, μ_z) 为散射方向角的余弦值。

步骤 3：判断光子是否满足接收条件，具体方法如下。

- 若检测光子的新位置已到达接收平面，并且该新位置符合探测器的接收范围，即未超出接收孔径和视场角的最大限度，则认为该光子被接收，进入下一步；否则发射下一个光子，回到步骤 1。
- 若检测光子的新位置已到达接收平面，但不在探测器的孔径或视场角范围内，则认为光子超出边界，发射下一个光子，回到步骤 1，否则执行下一步。
- 若检测光子的新位置未到达接收平面，则认为光子可以继续传输，执行下一步，否则发射下一个光子，回到步骤 1。

步骤 4：记录接收到的光子参数并保存数据，其中包括散射次数、接收总光子数、接收散射光子数以及光子偏振态等，完成以后进入下一步。

步骤 5：确定发生碰撞时与光子相互作用的粒子种类，选择单一散射粒子，设置粒子复折射率，完成后进入下一步。

步骤 6：发生散射，根据随机抽样产生的散射角和方位角得到散射相函数 $P(\theta,\varphi)$，生成一个从 0～1 的随机数 P_a，若满足 $P_a \leqslant P(\theta,\varphi)$，则认为该光子散射过程中生成的随机角度是本次散射的散射角和方位角，产生新的传输方向继续传输，得到新的光子斯托克斯矢量；否则按照原先的方向继续传输，完成以后进入下一步。

光子散射相函数为[19]

$$P(\theta,\varphi)=m_{11}(\theta)I_0+m_{12}(\theta)\left[Q_0\cos(2\varphi)+U_0\sin(2\varphi)\right] \tag{2-30}$$

式（2-30）中，Q_0、U_0和I_0为入射光子态的分量，光子散射角θ为0～π的随机散射角，光子方位角φ为 0～2π的随机方位角，$m_{11}(\theta)$和$m_{12}(\theta)$为米氏散射矩阵$\boldsymbol{M}(\theta)$的元素，$\boldsymbol{M}(\theta)$为

$$\boldsymbol{M}(\theta)=\begin{bmatrix} m_{11}(\theta) & m_{12}(\theta) & 0 & 0 \\ m_{12}(\theta) & m_{11}(\theta) & 0 & 0 \\ 0 & 0 & m_{33}(\theta) & m_{34}(\theta) \\ 0 & 0 & m_{34}(\theta) & m_{33}(\theta) \end{bmatrix} \tag{2-31}$$

光子的新传输方向[20]为，当光子运动方向偏离z轴时，光子的新传输方向如式（2-32）；当光子运动方向接近于z轴时，光子的新传输方向如式（2-33）。

$$\begin{cases} \mu_{\mathrm{x}}'=\dfrac{\sin\theta(\mu_{\mathrm{x}}\mu_{\mathrm{y}}\cos\varphi+\mu_{\mathrm{x}}\sin\varphi)}{\sqrt{1-\mu_{\mathrm{z}}^2}}+\mu_{\mathrm{x}}\cos\theta \\ \mu_{\mathrm{y}}'=\dfrac{\sin\theta(\mu_{\mathrm{y}}\mu_{\mathrm{z}}\cos\varphi+\mu_{\mathrm{y}}\sin\varphi)}{\sqrt{1-\mu_{\mathrm{z}}^2}}+\mu_{\mathrm{y}}\cos\theta \\ \mu_{\mathrm{z}}'=-\sin\theta\cos\varphi\sqrt{1-\mu_{\mathrm{z}}^2}+\mu_{\mathrm{z}}\cos\theta \end{cases} \tag{2-32}$$

$$\begin{cases} \mu_{\mathrm{x}}'=\sin\theta\cos\varphi \\ \mu_{\mathrm{y}}'=\sin\theta\sin\varphi \\ \mu_{\mathrm{z}}'=\mathrm{SIGN}(\mu_{\mathrm{z}})\cos\theta \end{cases} \tag{2-33}$$

式（2-33）中，有

$$\mathrm{SIGN}(\mu_{\mathrm{z}})=\begin{cases} 1, \mu_{\mathrm{z}}\geqslant 0 \\ -1, \mu_{\mathrm{z}}<0 \end{cases} \tag{2-34}$$

光子新的斯托克斯矢量为

$$S'=\boldsymbol{M}(\theta_n)\boldsymbol{R}(\varphi_n)\cdots\boldsymbol{M}(\theta_1)\boldsymbol{R}(\varphi_1)S_0 \tag{2-35}$$

式中 θ_n 和 φ_n 分别为光子第 n 次的散射角和方位角，旋转矩阵 $\boldsymbol{R}(\varphi)$ 为

$$\boldsymbol{R}(\varphi)=\begin{bmatrix}1 & 0 & 0 & 0\\ 0 & \cos 2\varphi & \sin 2\varphi & 0\\ 0 & -\sin 2\varphi & \cos 2\varphi & 0\\ 0 & 0 & 0 & 1\end{bmatrix} \tag{2-36}$$

步骤 7：判断传输是否终止，生成一个从 0～1 的随机数 ξ_2，若 ξ_2 未超过权重值，则光子持续往下传输，直到接收为止；否则该光子传输终止，发射下一个光子，回到第一步。

光子权重计算式为

$$w=\frac{b}{a+b}\exp\left(-\mu_{\mathrm{m}}\mathrm{step}\right) \tag{2-37}$$

式（2-37）中，a 和 b 分别为海水的总吸收系数和总散射系数，μ_{m} 为纯海水和溶解物的总吸收系数。

步骤 8：判断是否为最后的光子。若已为最后的光子，则对探测器端接收到的光子的参数进行结果处理；否则只记录此光子的参数，并回到第一步，发射新的光子。

2.5　本章小结

本章主要阐述了与量子密钥分发有关的一些理论基础知识。首先，介绍了量子信息的基本知识，包括量子比特、量子态叠加原理、量子态不可克隆定理、海森堡测不准原理、量子密度算符和量子测量。其次，介绍了量子通信信道的分类及各种信道的特性。接着，介绍了几个典型的量子密钥分发协议，包括 BB84 协议、诱骗态协议、GG02 协议等。最后，以水下量子密钥分发为背景，介绍了利用蒙特卡罗方法模拟光量子在自由空间中传输的方法和流程。

参考文献

[1] 郭弘, 李政宇, 彭翔. 量子密码[M]. 北京: 国防工业出版社, 2016.

[2] 周世勋. 量子力学教程[M]. 北京: 高等教育出版社, 2009: 16-19.

[3] NABOULSI M, SIZUN H, FORNEL F. Propagation of optical and infrared waves in the atmosphere[C]. Proceedings of the XXVIIIth URSI General Assembly, URSI, 2005.

[4] 刁红翔, 张义浦, 唐雁峰, 等. 大气衰减效应对光通信影响及仿真分析[J]. 激光与红外, 2017, 47(12): 1525-1530.

[5] KIM I I, MCARTHUR B, KOREVAAR E. Comparison of laser beam propagation at 785 nm and 1550 nm in fog and haze for optical wireless communications[C]. Proc SPIE, 2001, 4214(2): 26-37.

[6] PLANK T, LEITGEB E, PEZZEI P, et al. Wavelength-selection for high data rate Free Space Optics (FSO) in next generation wireless communications[C]. European Conference on Networks and Optical Communications. IEEE, 2012: 1-5.

[7] ALI M A A. Characterization of fog attenuation for free space optical communication link[J]. International Journal of Electronics & Communication Engineering & Technology, 2013, 4(3): 244-255.

[8] BEGHI A, CENEDESE A, MASIERO A. Multiscale stochastic approach for phase screens synthesis[J]. Applied Optics, 2011, 50(21): 4124-4133.

[9] 常乐, 聂敏, 杨光, 等. 中层海水水色三要素对水下量子通信性能的影响[J]. 量子光学学报, 2017, 23(4): 339-349.

[10] MAJUMDAR A K, RICLKIN J C. Free-space Laser Communications: Principles and Advances[M]. New York: Springer, 2007.

[11] JENNIFER, MACKINNON. An Introduction to Ocean Turbulence[J]. Eos, Transactions American Geophysical Union, 2008, 89(52): 547-548.

[12] BAYKAL, YAHYA. Scintillation Index in Strong Oceanic Turbulence[J]. Optics Communications, 2016, 375: 15-18.

[13] YANG L, MA H Y, ZHENG C, et al. Quantum communication scheme based on

quantum teleportation[J]. Acta Physica Sinica, 2017, 66(23): 230303.

[14] BENNETT C H, BRASSARD G. Quantum cryptography: public key distribution and coin tossing[C]. Proceedings of the IEEE International Conference on Computers, Systems, and Signal Processing, 1984, 560: 175-179.

[15] WANG H, WON Y. Quantum Key Distribution with High Loss: Toward Global Secure Communication[J]. Physical review letters, 2003, 91(5): 057901.

[16] LO H K, MA X, CHEN K. Decoy state quantum key distribution[J]. Physical review letters, 2005, 94(23): 230504.

[17] WANG X B. Beating the Photon-Number-Splitting Attack in Practical Quantum Cryptography[J]. Physical Review Letters, 2005, 94(23): 230503.

[18] WITT A N. Multiple Scattering in Reflection Nebulae I - A Monte Carlo Approach[J]. Astrophysical Journal Supplement, 1977, 35(1): 7-19.

[19] RAKOVIĆ M J, KATTAWAR G W, MEHRUBEOĞLU M B, et al. Light Backscattering Polarization Patterns from Turbid Media: Theory and Experiment[J]. Applied Optics, 1999, 38(15): 3399-3408.

[20] JESSICA C, ROMAN R, PRAHL S A, et al. Three Monte Carlo Programs of Polarized Light Transport into Scattering Media: Part I[J]. Optics Express, 2005, 13(12): 4420-4438.

第3章

大气湍流效应的模拟方法

大气和海水作为主要的自由空间传输介质，其内部都存在湍流效应，这是影响自由空间量子密钥分发系统性能的主要因素之一。人们对大气湍流效应的研究起步较早，相关理论和分析方法都比较成熟[1]。人们对海水湍流效应的研究相对较晚，但由于海水湍流具有与大气湍流相似的特性，因此大气湍流相关的理论和分析方法同样适用于研究海水湍流的特性。

本章以大气湍流效应为例，介绍大气湍流相位功率谱密度模型（简称“大气湍流谱模型”）和相位结构函数的基本概念，次谐波大气湍流相位屏模拟方法，以及次谐波模拟方法中最优谐波次数的选取标准。

3.1 大气湍流相位屏模拟方法简介

基于分步传播思想，在弱起伏湍流情况下，由大气折射率随机起伏引起的相位变化足够小，可以将连续随机的大气湍流介质分割为图 3-1 所示的一系列厚度为 Δt_i（$i=1,2,\cdots,n-2$）的传播平面，在传播平面上加入相位调制，即一个大气湍流相位屏，通过分步传播形成“多相位屏”模型。如图 3-1 所示，源平面和观测平面的间距为传播距离 Δz，源平面与观测平面之间有 n 个传播平面，由 $n-1$ 个大气湍流相位屏[相位屏 1、相位屏 2……相位屏 $n-2$、观测平面（即相位屏 $n-1$）]组成。当大气湍流相位屏的厚度 Δt_i 远小于大气湍流相位屏后面的传播距离时，大气湍流相位屏被认为是薄的（厚度可忽略），并且每个大气湍流相位屏可代表一段传输距离内的湍流体积，这意味着每个大气湍流相位屏都是大气相位扰动的实现[2]。这种采用“多相位屏”模型模拟大气光传播的基本方法，不仅可以在实验室模拟中使用，也是数值仿真的基础。

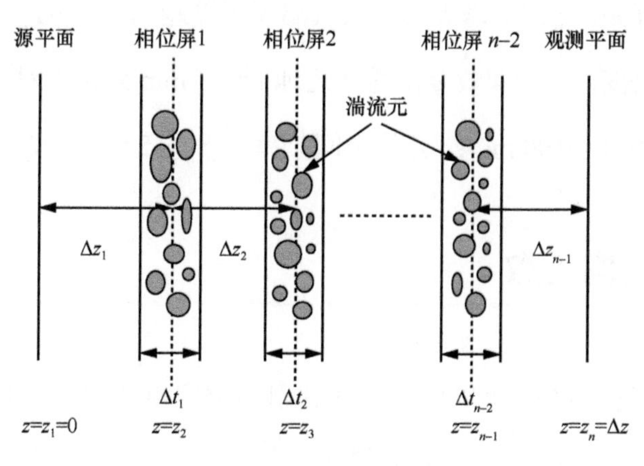

图 3-1　“多相位屏”模型示意

3.2　大气湍流谱模型

大气湍流谱模型是表征大气湍流特性的数学函数。目前已有多种大气湍流谱模型，如 Kolmogorov 谱（K 谱）模型、von Karman 谱（vK 谱）模型、修正的 von Karman 谱（mvK 谱）模型、Tatarskii 谱（T 谱）模型、Hill 谱（H 谱）模型等。其中 Kolmogorov 谱模型是最经典的模型，von Karman 谱模型和修正的 von Karman 谱模型是两个最简单实用的模型，这 3 种大气湍流谱模型均被广泛使用，它们的定义分别对应式（3-1）～式（3-3）[3,4]。

$$\Phi_\phi^{\mathrm{K}}(f)=0.023r_0^{-5/3}f^{-11/3},\qquad \frac{2\pi}{L_0}\ll f\ll\frac{2\pi}{l_0} \tag{3-1}$$

$$\Phi_\phi^{\mathrm{vK}}(f)=0.023r_0^{-5/3}\left(f^2+f_0^2\right)^{-11/6},\qquad 0\ll f\ll\frac{2\pi}{l_0} \tag{3-2}$$

$$\Phi_\phi^{\mathrm{mvK}}(f)=0.023r_0^{-5/3}\frac{\exp\left(-f^2/f_{\mathrm{m}}^2\right)}{\left(f^2+f_0^2\right)^{11/6}},\qquad 0\ll f\ll\infty \tag{3-3}$$

以上 3 个式子适用于大气湍流的惯性区[1]，其中 r_0 是大气相干长度，其值与大气湍流强度有关，r_0 的值越大代表大气湍流强度越弱；l_0 和 L_0 分别为大气湍流的内尺度和外尺度，l_0 的取值范围是从近地面约 1 mm 到接近对流层顶约 1 cm，L_0 的取值一般是 1～100 m[4]； f 是空间频率， $f_{\mathrm{m}}=5.92/(2\pi l_0)$， $f_0=1/L_0$。

3.3 相位结构函数

相位结构函数（PSF）可以用于验证利用相位屏模拟的大气湍流是否准确[3]，定义为

$$D_\phi(r)=\left\langle\left|D_\phi(r_1)-D_\phi(r_2)\right|^2\right\rangle=2\int_f \Phi_\phi(f)-\Phi_\phi(f)\mathrm{e}^{\mathrm{i}2\pi r\cdot f}\mathrm{d}f=2\left(B_\phi(0)-B_\phi(r)\right) \tag{3-4}$$

其中，r_1 和 r_2 是位于大气湍流相位屏中两个不同位置的采样点，$r=|r_1-r_2|$ 是两点之间的距离；$f=f_{\mathrm{x}}e_{\mathrm{x}}+f_{\mathrm{y}}e_{\mathrm{y}}$ 是二维空间频率，$f=|f|=\sqrt{f_{\mathrm{x}}^2+f_{\mathrm{y}}^2}$，$f_{\mathrm{x}}$、$f_{\mathrm{y}}$ 分别为 f 在 x、y 方向上的空间频率分量；$\Phi_\phi(f)$ 为大气湍流相位功率谱密度；$B_\phi(r)$ 为二维自相关函数，$B_\phi(0)$ 为 $r=0$ 处的函数值。

基于 Kolmogorov 谱模型的 PSF 理论值为[4]

$$D_{\phi}^{\mathrm{K}}(r)=6.88\left(\frac{r}{r_0}\right)^{5/3} \tag{3-5}$$

基于 von Karman 谱模型的 PSF 理论值为[5]

$$D_{\phi}^{\mathrm{vK}}(r)=6.16r_0^{-5/3}\left[\frac{3}{5}k_0^{-5/3}-\frac{(r/k_0/2)^{5/6}}{\Gamma(11/6)}K_{5/6}(k_0 r)\right] \tag{3-6}$$

基于修正的 von Karman 谱模型的 PSF 理论值为[5]

$$D_{\phi}^{\mathrm{mvK}}(r)=3.08r_0^{-5/3}\left\{\Gamma\left(-\frac{5}{6}\right)k_{\mathrm{m}}^{-5/3}\left[1-{}_1F_1\left(-\frac{5}{6};1;-\frac{k_{\mathrm{m}}^2r^2}{4}\right)\right]-\frac{9}{5}k_0^{-1/3}r^2\right\} \tag{3-7}$$

其中，空间角频率 $k_0=2\pi f_0=2\pi/L_0$，空间角频率 $k_{\mathrm{m}}=2\pi f_{\mathrm{m}}=5.92/l_0$，$\Gamma(\cdot)$ 为 Gamma 函数，$K_{5/6}(\cdot)$ 为第三类修正贝塞尔函数，${}_1F_1(\cdot)$ 为第一类合流超几何函数（也称为 Kummer 函数）。

由次谐波法生成的大气湍流相位屏的 $B_{\phi}(r)$ 由低频 $B_{\mathrm{L}\phi}(r)$ 和高频 $B_{\mathrm{H}\phi}(r)$ 两部分组成。首先需要对 $B_{\phi}(r)$ 进行离散化，设大气湍流相位屏 x、y 方向的尺寸分别为 D_{x}、D_{y}，每个方向上分别具有 N_{x}、N_{y} 个采样点（N_{x}、N_{y} 均为 2 的整数次幂)，相应的空间采样间隔是 $\Delta x=D_{\mathrm{x}}/N_{\mathrm{x}}$ 和 $\Delta y=D_{\mathrm{y}}/N_{\mathrm{y}}$，空间频率为 $f_{\mathrm{x}}=m'\Delta f_{\mathrm{x}}$ 和 $f_{\mathrm{y}}=n'\Delta f_{\mathrm{y}}$。

利用次谐波法模拟高频 $B_{\mathrm{H}\phi}(r)$ 时，频率间隔为 $\Delta f_{\mathrm{x}}=1/D_{\mathrm{x}}$ 和 $\Delta f_{\mathrm{y}}=1/D_{\mathrm{y}}$；模拟低频 $B_{\mathrm{L}\phi}(r)$ 时，频率间隔为 $\Delta f_{\mathrm{x}}=1/(3^p D_{\mathrm{x}})$ 和 $\Delta f_{\mathrm{y}}=1/(3^p D_{\mathrm{y}})$，$p$ 为谐波次数。此时 $B_{\mathrm{H}\phi}(r)$、$B_{\mathrm{L}\phi}(r)$ 和 $B_{\phi}(r)$ 分别为

$$B_{\mathrm{H}\phi}(r)=B_{\mathrm{H}\phi}(m,n)=\sum_{m'=-N_{\mathrm{x}}/2}^{N_{\mathrm{x}}/2-1}\sum_{n'=-N_{\mathrm{y}}/2}^{N_{\mathrm{y}}/2-1}h^2(m',n')\exp\left[\mathrm{i}2\pi\cdot\left(\frac{m'm}{N_{\mathrm{x}}}+\frac{n'n}{N_{\mathrm{y}}}\right)\right] \tag{3-8}$$

$$B_{\mathrm{L}\phi}(r)=B_{\mathrm{L}\phi}(m,n)=\sum_{p=1}^{N_p}\sum_{m'=-1}^{1}\sum_{n'=-1}^{1}h^2(m',n')\exp\left[\mathrm{i}2\pi 3^{-p}\left(\frac{m'm}{N_{\mathrm{x}}}+\frac{n'n}{N_{\mathrm{y}}}\right)\right] \tag{3-9}$$

$$B_{\phi}(r)=B_{\phi}(m,n)=B_{\mathrm{H}\phi}(m,n)+B_{\mathrm{L}\phi}(m,n) \tag{3-10}$$

其中，m 和 n 对应空间域上采样点的位置，是取值分别在$\left[-\frac{N_{\mathrm{x}}}{2},\frac{N_{\mathrm{x}}}{2}-1\right]$和$\left[-\frac{N_{\mathrm{y}}}{2},\frac{N_{\mathrm{y}}}{2}-1\right]$范围内的整数，$m$ 和 n 对应的采样点坐标值分别为$x=m\Delta x$和$y=n\Delta y$；m'和n'对应频率域上采样点的位置，是高频部分取值分别在$\left[-\frac{N_{\mathrm{x}}}{2},\frac{N_{\mathrm{x}}}{2}-1\right]$和$\left[-\frac{N_{\mathrm{y}}}{2},\frac{N_{\mathrm{y}}}{2}-1\right]$范围内的整数，低频部分的取值都在[−1,1]范围内的整数；N_{p}是谐波次数选取的变化范围，$B_{\mathrm{L}\phi}(m,n)$和$B_{\mathrm{H}\phi}(m,n)$分别是低频和高频大气湍流相位屏的自相关函数，$h(m',n')$是湍流空间滤波函数。

对于 Kolmogorov 谱模型，有

$$h(m',n')=\frac{2\pi 3^{-p}}{D}\sqrt{0.00058 r_0^{-5/6}}\left(f_{\mathrm{x}}^2+f_{\mathrm{y}}^2\right)^{-11/12} \tag{3-11}$$

对于 von Karman 谱模型，有

$$h(m',n')=\frac{2\pi 3^{-p}}{D}\sqrt{0.00058 r_0^{-5/6}}\left(f_{\mathrm{x}}^2+f_{\mathrm{y}}^2+f_0^2\right)^{-11/12} \tag{3-12}$$

对于修正的 von Karman 谱模型，有

$$h(m',n')=\frac{2\pi 3^{-p}}{D}\sqrt{0.00058 r_0^{-5/6}}\exp\left[-\left(f_{\mathrm{x}}^2+f_{\mathrm{y}}^2\right)/f_{\mathrm{m}}^2\right]\left(f_{\mathrm{x}}^2+f_{\mathrm{y}}^2+f_0^2\right)^{-11/12} \tag{3-13}$$

根据式（3-4）、式（3-8）～式（3-13），可以得到 Kolmogorov 谱模型、von Karman 谱模型和修正的 von Karman 谱模型在任何谐波次数 p 下相位屏的 PSF。将这些 PSF 分别与式（3-5）～式（3-7）所给的 PSF 理论值进行对比，即可验证相位屏模拟方法的准确性。

3.4 次谐波大气湍流相位屏模拟方法

目前已经报道了多种大气湍流相位屏的模拟方法，其中基于快速傅里叶变换（FFT）的功率谱反演法（简称 FFT 法）生成的大气湍流相位屏缺乏大量低频信息；为了弥补低频信息的缺乏，人们又提出了快速傅里叶变换次谐波（FFT-SH，简称次谐波）法。传统的次谐波法虽然能够在一定程度上弥补低频信息的不足，但是生成相位屏的准确性仍欠佳。

为了提升生成相位屏的准确性，研究者提出了一种改进的次谐波大气湍流相位屏模拟方法[6]，并利用该方法对符合 Kolmogorov 谱模型的大气湍流进行了数值模拟，分析了谐波次数和采样点数对相位屏模拟的影响。还将其与 FFT 法[7]、FFT-SH 法[3,8]、Zernike（泽尼克）多项式法[9,10]和分形布朗运动[11]（FBM）模拟方法进行对比，验证了利用改进后的次谐波法生成的大气湍流相位屏最接近理论值。

3.4.1 次谐波大气湍流相位屏模拟方法的改进

在传统次谐波方法的基础上进行改进，生成的大气湍流相位屏仍然由高频相位屏和低频相位屏两部分组成，其中高频相位屏由 FFT 法生成，而低频相位屏通过特殊设计以充分地补偿相位屏中的低频信息。

如图 3-2 所示，为了对功率谱的低频部分进行充分采样，在以原点为中心的$(2\Delta f_x)\times(2\Delta f_y)$区域（即图 3-2 中坐标$(\pm1,\pm1)$包围的区域）内进行低频补偿。此时低频补偿区域与高频相位屏的第一个采样点重叠，因此需要对高频采样点进行缩放，$(\pm1,0)$和$(0,\pm1)$处的采样值缩小为原来的 1/2，$(\pm1,\pm1)$处的采样值缩小为原来的 3/4。然后，将$(2\Delta f_x)\times(2\Delta f_y)$区域划分为$5\times5$个子区域，第一级采样点在最外面的 16 个子区域中，剩余的3×3个子区域用于进行下一级次谐波补偿。重复上述步骤，直到达到设定的谐波次数 p 为止。

根据上述方法可知，改进后的次谐波法对应的低频相位屏 $\phi_{\mathrm{LF}}(m,n)$ 可写为

$$\begin{aligned}\phi_{\mathrm{LF}}(m,n)=&\sum_{p=1}^{N_{\mathrm{p}}}\sum_{m'=-2}^{2}\sum_{n'=-2}^{2}h(m',n')f_{\mathrm{LF}}(m',n')\\&\times\exp\{\mathrm{i}2\pi\times(2/3)\times(5/3)^{-p}\cdot[(m'm/N_{\mathrm{x}})+(n'n/N_{\mathrm{y}})]\}\end{aligned} \tag{3-14}$$

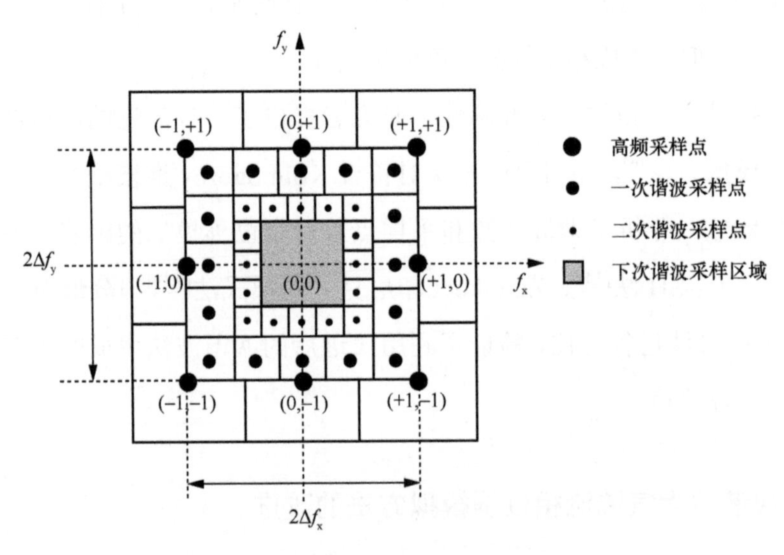

图 3-2　高频采样点和低频采样点的关系

式（3-14）中，m、m'、n 和 n' 是整数，N_{x} 和 N_{y} 分别是 x 和 y 方向上的采样点数，$h(m',n')$ 为具有零均值、单位方差的厄米复高斯白噪声过程。$f_{\mathrm{LF}}(m',n')$ 是低频滤波函数，对于 Kolmogorov 谱模型，其表达式为

$$\begin{aligned}f_{\mathrm{LF}}(m',n')=&[2\pi\times(2/3)\times(5/3)^{-p}]/\\&\sqrt{G_{\mathrm{x}}G_{\mathrm{y}}}\times\sqrt{0.00058}\times r_0^{-5/6}\left(f_{\mathrm{lx}}^2+f_{\mathrm{ly}}^2\right)^{-11/12}\end{aligned} \tag{3-15}$$

式（3-15）中，r_0 是大气相干长度，f_{lx} 和 f_{ly} 分别是 x 和 y 方向上的低频空间频率分量，表达式分别为

$$f_{\mathrm{lx}} = (2/3)\times(5/3)^{-p}\cdot m'\Delta f_{\mathrm{x}} \tag{3-16}$$

$$f_{\mathrm{ly}} = (2/3)\times(5/3)^{-p}\cdot n'\Delta f_{\mathrm{y}} \tag{3-17}$$

其中，$\Delta f_{\mathrm{x}} = 1/D_{\mathrm{x}}$ 和 $\Delta f_{\mathrm{y}} = 1/D_{\mathrm{y}}$ 为空间频率采样间隔，D_{x} 和 D_{y} 分别是 x 和 y 方向上的相位屏尺寸，相应的空间采样间隔是 $\Delta x = D_{\mathrm{x}}/N_{\mathrm{x}}$ 和 $\Delta y = D_{\mathrm{y}}/N_{\mathrm{y}}$。

由 FFT 法生成的高频相位屏 $\phi_{\mathrm{HF}}(m,n)$ 为[3,8]

$$\begin{aligned}\phi_{\mathrm{HF}}(m,n) = &\sum_{m'=-N_{\mathrm{x}}/2}^{N_{\mathrm{x}}/2-1}\sum_{n'=-N_{\mathrm{y}}/2}^{N_{\mathrm{y}}/2-1} h(m',n')f(m',n') \\ &\times\exp[\mathrm{i}2\pi\times(m'm/N_{\mathrm{x}} + n'n/N_{\mathrm{y}})]\end{aligned} \tag{3-18}$$

式（3-18）中，$f(m',n')$ 是高频滤波函数，表达式为

$$f(m',n') = 2\pi\times\sqrt{0.00058}\times(D_{\mathrm{x}}D_{\mathrm{y}})^{-1/2} r_0^{-5/6}\left(f_{\mathrm{x}}^2 + f_{\mathrm{y}}^2\right)^{-11/12} \tag{3-19}$$

其中 $f_{\mathrm{x}} = m'\Delta f_{\mathrm{x}}$ 和 $f_{\mathrm{y}} = n'\Delta f_{\mathrm{y}}$ 分别是 x 和 y 方向上的空间频率分量。

利用式（3-14）和式（3-18），生成的最终大气湍流相位屏为

$$\begin{aligned}&\phi(m,n)=\phi_{\mathrm{HF}}(m,n)+\phi_{\mathrm{LF}}(m,n) \\ &= \sum_{m'=-N_{\mathrm{x}}/2}^{N_{\mathrm{x}}/2-1}\sum_{n'=-N_{\mathrm{y}}/2}^{N_{\mathrm{y}}/2-1} h(m',n')f(m',n')\times\exp[\mathrm{i}2\pi\times(m'm/N_{\mathrm{x}} + n'n/N_{\mathrm{y}})] \\ &+\sum_{p=1}^{N_{\mathrm{p}}}\sum_{m'=-2}^{2}\sum_{n'=-2}^{2} h(m',n')f_{\mathrm{LF}}(m',n') \\ &\times\exp\{\mathrm{i}2\pi\times(2/3)\times(5/3)^{-p}\cdot[(m'm/N_{\mathrm{x}})+(n'n/N_{\mathrm{y}})]\}\end{aligned} \tag{3-20}$$

3.4.2 改进后的次谐波法的准确性验证

本小节利用相位结构函数对改进后的次谐波法的准确性进行验证，相关参数的设置：D=2 m，r_0=0.1 m，N=512×512。以添加 1 次谐波为例，使用改进后的次谐波法生成相位屏的二维和三维分布如图 3-3 所示。

为了评估生成相位屏的准确性，计算得到不同谐波次数 p 时的相位结构函数 $D_{\phi}(r)$。不同谐波次数下的相位结构函数与理论值的比较如图 3-4 所示。从图 3-4 中可以看到，随着 p 的增加，$D_{\phi}(r)$ 越来越接近相位结构函数的理论值 $D_{\phi}^{\text{theory}}(r)$（即式（3-5）），并且当 p=25 时，两者几乎相等。然而，p 超过 25 将会发生数值问题。还可以看出，当谐波次数超过一定值后，如 p=20，添加更多次谐波几乎不再改善生成相位屏的准确性。

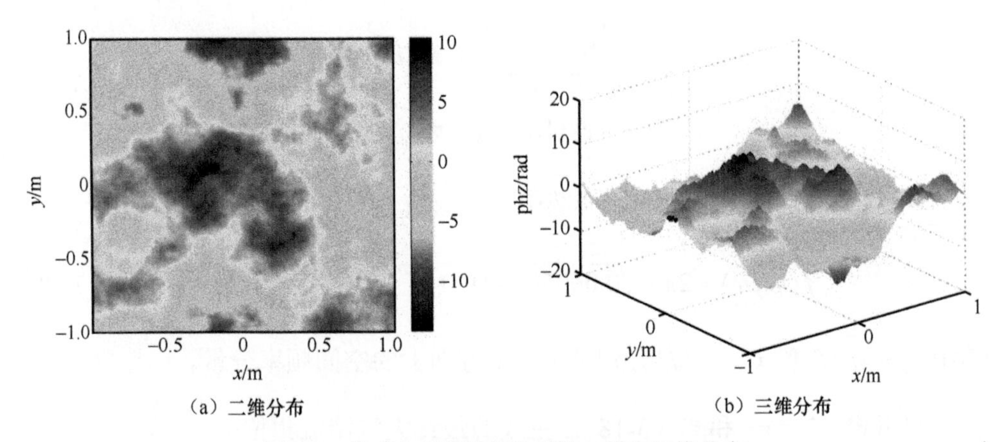

（a）二维分布　　（b）三维分布

图 3-3　生成大气湍流相位屏的二维和三维分布

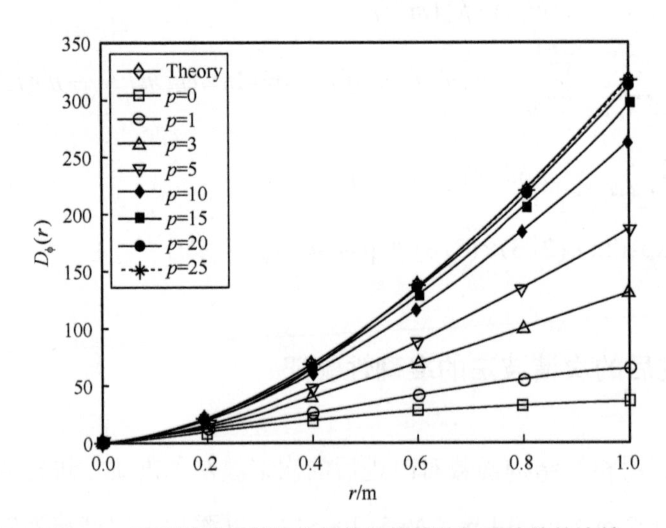

图 3-4　不同谐波次数下的相位结构函数与理论值的比较

3.4.3 不同谐波次数及采样点对相位屏的影响

为了更清楚地观测不同谐波次数对生成相位屏的改善效果，定义相对误差函数 $P_{\mathrm{e}}(r)$ 为

$$P_{\mathrm{e}}(r)=\left[D_{\phi}^{\mathrm{theroy}}(r)-D_{\phi}(r)\right]/D_{\phi}^{\mathrm{theroy}}(r)\times 100\% \tag{3-21}$$

式（3-21）中，$D_{\phi}(r)$ 为模拟相位屏的相位结构函数，$D_{\phi}^{\mathrm{theory}}(r)$ 为相位结构函数的理论值。

利用式（3-21）计算得到不同谐波次数下的相对误差函数 $P_{\mathrm{e}}(r)$，如图 3-5 所示。

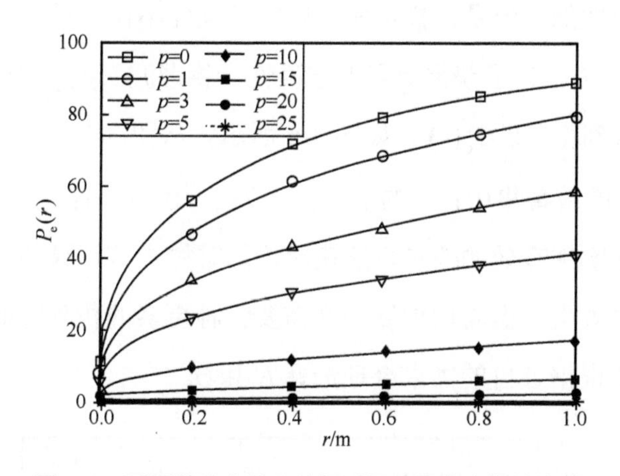

图 3-5 不同谐波次数下的相对误差函数之间的比较

从图 3-5 中可以看到，随着 p 的增加 $P_{\mathrm{e}}(r)$ 的值越来越小，即 $D_{\phi}(r)$ 与 $D_{\phi}^{\mathrm{theory}}(r)$ 之间的差距越来越小，这意味着随着 p 的增加，相位屏的低频信息得到了更充分的补偿，生成的相位屏越来越准确。当 r =1 m，p=15、20 和 25 时，$P_{\mathrm{e}}(r)$ 的值分别为 2.1%、0.82%和 0.1%，可以认为添加 20 次谐波就能得到较准确的大气湍流相位屏。虽然添加更多次谐波能够得到更好的改善效果，如 p=25 时 $P_{\mathrm{e}}(r)$ 的值可降至 0.1%，但这将以牺牲更多的仿真时间为代价。例如采用 20 次和 25

次谐波时，生成 1 个相位屏所需的仿真时间分别约为 8.6 s 和 11 s，相差 2.4 s。虽然单独生成 1 个相位屏所需的仿真时间间隔不太大，但远距离的自由空间传输，为了充分模拟大气湍流特性，通常需要沿着光量子信号的传输方向设置上百个相位屏，此时采用 20 次和 25 次谐波进行仿真时所需的时间差值将增加到几分钟。考虑到当研究光量子信号经过大气传输后的特性时，除了要分析大气湍流的影响，还要仿真大气散射、吸收等特性的影响，导致最终所需的整体仿真时间很长，因此在保证能够获得较好的仿真效果下尽量缩短仿真时间是有意义的。利用前面提出的次谐波大气湍流相位屏模拟方法，人们可以根据自己的实际需求选择合适的谐波次数以缩短仿真时间。

如上所述，模拟相位屏的准确性会随着 p 的增加而提高，并且当 p=25 时可以达到最好的性能。但是，模拟相位屏的准确性不仅与谐波次数 p 有关，还与采样点数 N 有关。为了获得更好的准确性，将谐波次数 p 固定为 25 并改变采样点数 N，得到相应的 $P_e(r)$，如图 3-6 所示。从图 3-6 中可以看到，随着 N 的增加，准确性的改善集中在 r 的取值范围为 0～0.2 m内；若 r>0.2 m，则仅增加采样点数无法实现有效的改善。这说明增加采样点数，只能对较小的相位屏起到明显的改善效果，但与增加 p 一样需要牺牲更多的仿真时间。因此，在实际应用中，需要根据各自的需求合理选择 N 和 p。

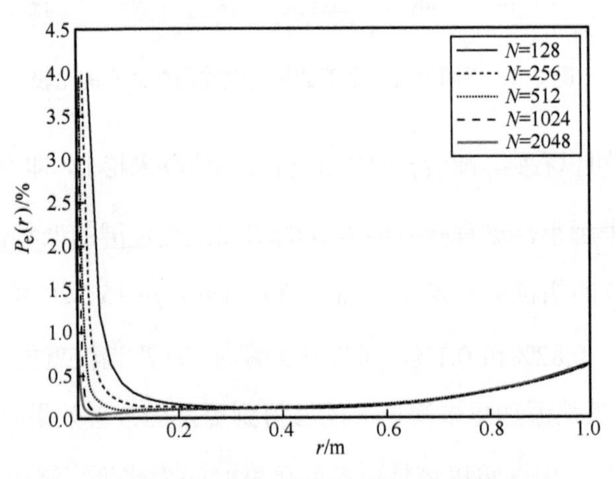

图 3-6　不同采样点下的相对误差函数之间的比较

3.4.4　不同大气湍流相位屏模拟方法的比较

将改进后的次谐波（improved-SH）法与 FFT 法、Zernike 多项式法、改进前的次谐波（FFT-SH）法和 FBM 模拟方法进行对比分析，结果如图 3-7 所示。对比分析时均选择了文献[10]和文献[11]报道的最好的仿真结果。

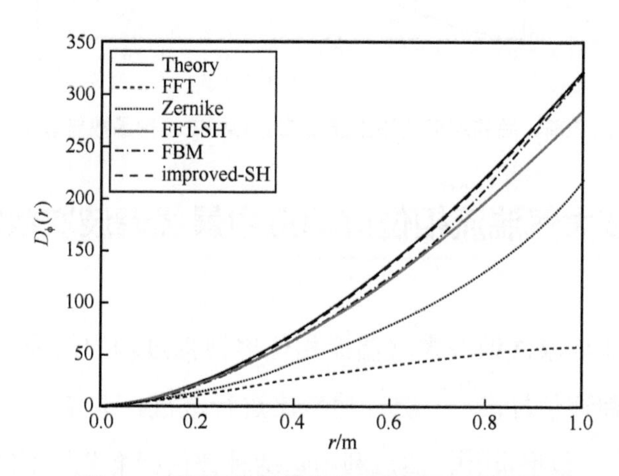

图 3-7　不同相位屏模拟方法的相位结构函数

从图 3-7 可以明显看出，与其他 4 种方法相比，改进后的次谐波法生成相位屏的相位结构函数 $D_\phi(r)$ 与理论值 $D_\phi^{\text{theory}}(r)$ 最接近，生成相位屏的准确性最好。

此外，在相同条件下，即 D=2 m、r_0=0.1 m、N=512×512、p=15，进一步对改进前、后的次谐波法生成相位屏的准确性进行对比，结果如图 3-8 所示。显然，与改进前的次谐波法相比，在添加相同的谐波次数的条件下，改进后的次谐波法能更加准确地生成相位屏。同时，改进前的次谐波法添加 15 次谐波就会产生数值问题，而改进后的次谐波法添加 25 次谐波才会产生数值问题，即改进后的次谐波法可以通过增加更多次谐波来改善相位屏的准确性。

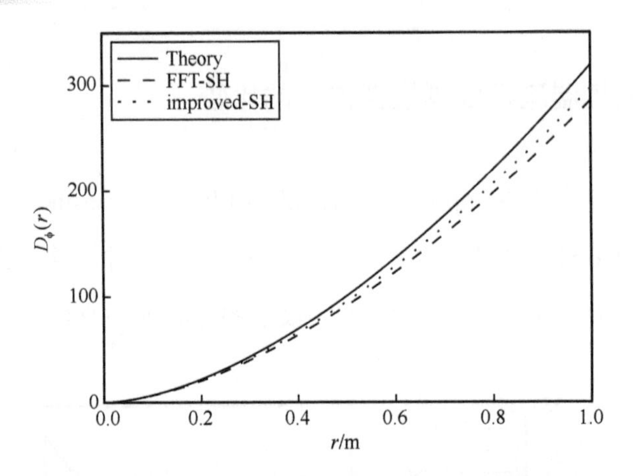

图 3-8　改进前、后的次谐波法生成相位屏的相位结构函数与理论值的比较

3.5　次谐波大气湍流相位屏模拟中最优谐波次数的选取

为了准确地选取次谐波大气湍流相位屏模拟过程中的最优谐波次数，首先对现有的一种评估标准——综合功率比进行改进，并定义一种新的评估标准——相位结构函数增量[12]，然后利用这两种评估标准分析不同大气湍流谱模型下最优谐波次数的选取问题，并依据相位结构函数和相对误差函数对所得最优谐波次数的准确性进行验证。

3.5.1　改进的综合功率比评估标准

1. 改进的评估标准

文献[4]定义综合功率比 α_Φ 为综合功率的实际值 $IP_{实际值}$ 与理论值 $IP_{理论值}$ 的比值，即

$$\alpha_\Phi = IP_{实际值} / IP_{理论值} \tag{3-22}$$

其中，$IP_{理论值}$ 是对整个频率范围（即从 0 到无穷大）内大气湍流相位功率谱密

度的积分，$IP_{实际值}$ 是对最低采样频率 $f_{\min}=1/(3^{p}D)$ 到无穷大频率范围内大气湍流相位功率谱密度的积分。

然而，根据功率谱反演法模拟相位屏的原理[13]，大气湍流相位屏包含的实际频率范围（即 $IP_{实际值}$ 的频率积分范围）为 $(f_{\lim},f_{\max})$，其中 $f_{\lim}$ 应为最低频率而非文献[4]所用的最低采样频率。最低频率由最低采样频率和低频相位屏中的空间频率采样间隔决定，其值为 $f_{\lim}=0.5/(3^{p}D)$，其中 D 为大气湍流相位屏的尺寸。由此可见，文献[4]选取的频率范围不准确，导致其所得的最优谐波次数 p_{optimal} 也不够准确。此外，文献[4]在计算 $IP_{理论值}$ 和 $IP_{实际值}$ 时所用的频率积分上限均为 ∞，在此将其都修改为 $f_{\max}=(N/2+0.5)(1/D)$，此值表示相位屏中包含的最高频率，N 为采样点的个数。经验证，修改频率积分上限后计算得到的 von Karman 谱模型的 $IP_{理论值}$ 和 $IP_{实际值}$ 与修改前对应的结果几乎完全相同，所以此修改对原综合功率比评估标准不产生影响。但是修正的 von Karman 谱模型，当频率积分上限为 ∞ 时无法得到综合功率比 α_{Φ} 的解析表达式，这也是综合功率比评估标准无法适用于修正的 von Karman 谱模型的原因，但将其改为 $f_{\max}=(N/2+0.5)(1/D)$ 后，则可借助计算机通过数值求解来获得修正的 von Karman 谱模型的最优谐波次数。

基于上述分析，改进后的综合功率比评估标准修正了 $IP_{实际值}$ 的频率积分下限并修改了 $IP_{理论值}$ 和 $IP_{实际值}$ 的频率积分上限，此时 $IP_{理论值}$ 和 $IP_{实际值}$ 对应的频率积分范围分别为 $(0,f_{\max})$ 和 $(f_{\lim},f_{\max})$。改进后的综合功率比评估标准可同时适用于 von Karman 谱模型和修正的 von Karman 谱模型，并可利用其得到更准确的 p_{optimal}。

修正后的 $IP_{理论值}$ 和 $IP_{实际值}$ 的表达式分别为

$$IP_{理论值}=\int_{f}\Phi_{\phi}(f)\mathrm{d}f=\int_{0}^{f_{\mathrm{x},\max}}\int_{0}^{f_{\mathrm{y},\max}}\Phi_{\phi}(f_{\mathrm{x}},f_{\mathrm{y}})\mathrm{d}f_{\mathrm{x}}\mathrm{d}f_{\mathrm{y}}=2\pi\int_{0}^{f_{\max}}f\Phi_{\phi}(f)\mathrm{d}f \tag{3-23}$$

$$IP_{实际值}=\int_{f}\Phi_{\phi}(f)\mathrm{d}f=\int_{f_{x,\lim}}^{f_{x,\max}}\int_{f_{y,\lim}}^{f_{y,\max}}\Phi_{\phi}(f_x,f_y)\mathrm{d}f_x\mathrm{d}f_y=2\pi\int_{f_{\lim}}^{f_{\max}}f\Phi_{\phi}(f)\mathrm{d}f \tag{3-24}$$

式（3-23）和式（3-24）中的最后一个等号的两侧进行了坐标系的转换，等号左侧为二维直角坐标系(f_x,f_y)下的积分，等号右侧为极坐标系(f,θ)下的积分，转换关系为$\mathrm{d}f_x\mathrm{d}f_y=f\mathrm{d}f\mathrm{d}\theta$。由于角度$\theta$积分一周的结果为$2\pi$，所以有$\mathrm{d}f_x\mathrm{d}f_y=2\pi f\mathrm{d}f$，其中的极径$f=\sqrt{f_x^2+f_y^2}$即空间频率，单位为$\mathrm{m}^{-1}$。

对于 von Karman 谱模型，通过推导得到的$IP_{理论值}$、$IP_{实际值}$和α_{Φ}分别为

$$\begin{aligned}IP_{理论值}&=2\pi0.023r_0^{-5/3}\times\int_0^{f_{\max}}f\left(f^2+f_0^2\right)^{-11/6}\mathrm{d}f\\&=2\pi0.023r_0^{-5/3}\times0.5\times\int_{f_0^2}^{f_0^2+f_{\max}{}^2}t^{-11/6}\mathrm{d}t\end{aligned} \tag{3-25}$$

$$\begin{aligned}IP_{实际值}&=2\pi0.023r_0^{-5/3}\times\int_{f_{\lim}}^{f_{\max}}f\left(f^2+f_0^2\right)^{-11/6}\mathrm{d}f\\&=2\pi0.023r_0^{-5/3}\times0.5\times\int_{f_0^2+f_{\lim}{}^2}^{f_0^2+f_{\max}{}^2}t^{-11/6}\mathrm{d}t\end{aligned} \tag{3-26}$$

$$\alpha_{\Phi}=\frac{\int_{f_0^2+f_{\lim}{}^2}^{f_0^2+f_{\max}{}^2}t^{-11/6}\mathrm{d}t}{\int_{f_0^2}^{f_0^2+f_{\max}{}^2}t^{-11/6}\mathrm{d}t}=\frac{T\left[f_0^2+f_{\lim}{}^2,f_0^2+f_{\max}{}^2\right]}{T\left[f_0^2,f_0^2+f_{\max}{}^2\right]} \tag{3-27}$$

其中，$T[a,b]$表示函数$y(t)=t^{-11/6}$在区间$[a,b]$上的积分。

对于修正的 von Karman 谱模型，通过推导得到的$IP_{理论值}$、$IP_{实际值}$和α_{Φ}分别为

$$\begin{aligned}IP_{理论值}&=2\pi0.023r_0^{-5/3}\times\int_0^{f_{\max}}f\left(f^2+f_0^2\right)^{-11/6}\exp\left(-f^2/f_{\mathrm{m}}^2\right)\mathrm{d}f\\&=2\pi0.023r_0^{-5/3}\times0.5\times\exp\left(-f_0^2/f_{\mathrm{m}}^2\right)\times\int_{f_0^2}^{f_0^2+f_{\max}{}^2}t^{-11/6}\exp\left(-t/f_{\mathrm{m}}^2\right)\mathrm{d}t\\&=2\pi0.023r_0^{-5/3}\times0.5\times\exp\left(-f_0^2/f_{\mathrm{m}}^2\right)\times\int_{f_0^2}^{f_0^2+f_{\max}{}^2}t^{-11/6}\exp\left(-t/f_{\mathrm{m}}^2\right)\mathrm{d}t\end{aligned} \tag{3-28}$$

$$\begin{aligned}
IP_{\text{实际值}} &= 2\pi 0.023 r_0^{-5/3} \times \int_{f_{\lim}}^{f_{\max}} f\left(f^2+f_0^2\right)^{-11/6} \exp\left(-f^2/f_{\mathrm{m}}^2\right)\mathrm{d}f \\
&= 2\pi 0.023 r_0^{-5/3} \times 0.5 \times \exp\left(-f_0^2/f_{\mathrm{m}}^2\right) \times \int_{f_0^2+f_{\lim}{}^2}^{f_0^2+f_{\max}{}^2} t^{-11/6} \exp\left(-t/f_{\mathrm{m}}^2\right)\mathrm{d}t \\
&= 2\pi 0.023 r_0^{-5/3} \times 0.5 \times \exp\left(-f_0^2/f_{\mathrm{m}}^2\right) \times \int_{f_0^2+f_{\lim}{}^2}^{f_0^2+f_{\max}{}^2} t^{-11/6} \exp\left(-t/f_{\mathrm{m}}^2\right)\mathrm{d}t \\
&= 2\pi 0.023 r_0^{-5/3} \times 0.5 \times \exp\left(-f_0^2/f_{\mathrm{m}}^2\right) \times f_{\mathrm{m}}^{-5/3} \times \int_{\frac{f_0^2+f_{\lim}{}^2}{f_{\mathrm{m}}^2}}^{\frac{f_0^2+f_{\max}{}^2}{f_{\mathrm{m}}^2}} t^{-11/6} \exp(-t)\mathrm{d}t
\end{aligned} \tag{3-29}$$

$$\alpha_\Phi = \frac{\int_{f_0^2+f_{\lim}{}^2}^{f_0^2+f_{\max}{}^2} t^{-11/6} \exp\left(-t/f_{\mathrm{m}}^2\right)\mathrm{d}t}{\int_{f_0^2}^{f_0^2+f_{\max}{}^2} t^{-11/6} \exp\left(-t/f_{\mathrm{m}}^2\right)\mathrm{d}t} = \frac{ET\left[\left(f_0^2+f_{\lim}{}^2\right)/f_{\mathrm{m}}^2, \left(f_0^2+f_{\max}{}^2\right)/f_{\mathrm{m}}^2\right]}{ET\left[f_0^2/f_{\mathrm{m}}^2, \left(f_0^2+f_{\max}{}^2\right)/f_{\mathrm{m}}^2\right]} \tag{3-30}$$

其中，$ET[a,b]$表示函数$y(t)=t^{-11/6}\exp(-t)$在区间$[a,b]$上的积分。

综合功率比α_Φ会随着谐波次数p的增加而增加，直到等于 1 后保持不变。人们可以根据不同情况选取不同的最优谐波次数p_{optimal}，即当需要极高的准确性时，可以选择$\alpha_\Phi \geqslant 0.99$时的谐波次数为$p_{\text{optimal}}$，文献[4]即如此定义；但当对准确性的要求低于对计算速度的要求时，则可以选择α_Φ小于但接近于 0.99 时的谐波次数为p_{optimal}，这种选择尤其适用于长距离信号传输的情况。

除此之外，因为 von Karman 谱模型的大气湍流相位功率谱密度$\Phi_\phi(f)$具有负幂指数的形式，并且会随着f的增大快速接近于 0，而$f=f_{\max}=(N/2+0.5)(1/D)$频率点远离零频率点，因此可以认为当$f=f_{\max}$时，$\Phi_\phi(f)\approx 0$。在此情况下推导得到了$IP_{\text{理论值}}$、$IP_{\text{实际值}}$和$\alpha_\Phi$的另一种形式，分别为

$$\begin{aligned}
IP_{\text{理论值}} &= 2\pi 0.023 r_0^{-5/3} \times \int_0^{f_{\max}} f\left(f^2+f_0^2\right)^{-11/6}\mathrm{d}f \\
&\approx \frac{6\pi}{5} \times 0.023 r_0^{-5/3} f_0^{-5/3} \\
&= \frac{6\pi}{5} \times 0.023 \left(r_0 f_0\right)^{-5/3}
\end{aligned} \tag{3-31}$$

$$IP_{实际值} = 2\pi 0.023 r_0^{-5/3} \times \int_{f_{\lim}}^{f_{\max}} f\left(f^2 + f_0^2\right)^{-11/6} \mathrm{d}f$$
$$\approx \frac{6\pi}{5} \times 0.023 r_0^{-5/3} \left(f_{\lim}^2 + f_0^2\right)^{-5/6} \tag{3-32}$$
$$= \frac{6\pi}{5} \times 0.023 (r_0 f_0)^{-5/3} \left(1 + f_{\lim}^2 / f_0^2\right)^{-5/6}$$

$$\alpha_\Phi = \left(1 + f_{\lim}^2 / f_0^2\right)^{-5/6} \tag{3-33}$$

将 $f_{\lim} = 0.5/(3^p D)$ 和 $f_0 = 1/L_0$ 代入式（3-33）可得

$$\alpha_\Phi^{-6/5} = 1 + \left(\frac{L_0}{2 \times 3^p D}\right)^2 \tag{3-34}$$

利用式（3-34）可以推导出最优谐波次数 p_{optimal} 的表达式，即

$$p_{\text{optimal}} = \frac{1}{\ln 3} \ln\left[\frac{L_0}{2D}\left(\alpha_\Phi^{-6/5} - 1\right)^{-1/2}\right] \tag{3-35}$$

由式（3-35）计算得到的 p_{optimal} 为非整数，因此需要将其近似为整数。近似取整时遵循的原则：当需要极高的准确性时，p_{optimal} 向上近似取整；当对准确性的要求低于对计算速度的要求时，p_{optimal} 向下近似取整。

值得注意的是，经实验证明，当 l_0 的取值范围为 1～10 mm时，von Karman 谱模型和修正的 von Karman 谱模型具有相同的最优谐波次数 p_{optimal}，此时修正的 von Karman 谱模型也可以利用式（3-35）计算出 p_{optimal}。

2. 验证与分析

本小节将利用相位结构函数和相对误差函数对上述评估标准进行验证。相位结构函数 $D_\phi(r)$ 的定义见式（3-4），相对误差函数 $P_e(r)$ 的定义见式（3-21）。

图 3-9（a）和图 3-9（b）所示分别为在 D=2 m 和 N=512×512 条件下，利用

式（3-27）、式（3-30）求得的 von Karman 谱模型和修正的 von Karman 谱模型的综合功率比 α_{Φ} 随谐波次数 p 变化的情况。从图 3-9 中可以看出，这两种模型的综合功率比 α_{Φ} 都会随着谐波次数 p 的增加而增加，直到 α_{Φ} 值等于 1 才保持不变，并且这两种谱模型具有相同的最优谐波次数。根据 p_{optimal} 的选取原则，当对准确性的要求低于对计算速度的要求时，在 L_0=10 m 和 L_0=100 m 的情况下 p_{optimal} 分别为 2 和 4；当需要极高的准确性时，在 L_0=10 m 和 L_0=100 m 的情况下 p_{optimal} 分别为 3 和 5。

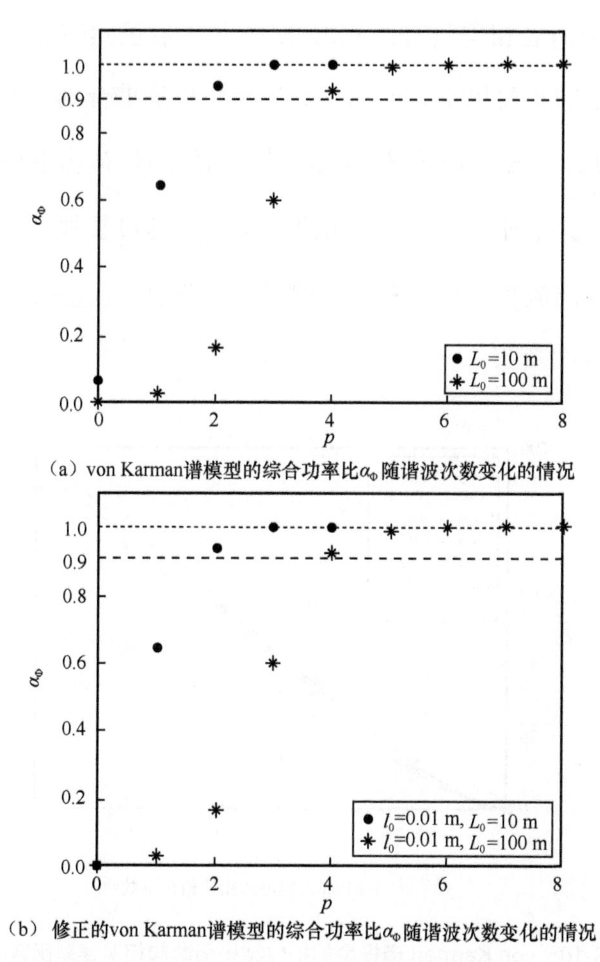

图 3-9　von Karman 谱模型和修正的 von Karman 谱模型的综合功率比 α_{Φ} 随谐波次数变化的情况

为了确定图 3-9 中得到的 $p_{optimal}$ 的准确性，利用相位结构函数以及相对误差函数对其进行验证。图 3-10 和图 3-11 分别为在 D=2 m、N=512×512、L_0=10 m、l_0=0.01 m 条件下，von Karman 谱模型和修正的 von Karman 谱模型在取不同谐波次数 p 时得到的大气湍流相位屏的相位结构函数 $D_\phi(r)$ 和相对误差函数 $P_e(r)$。从图 3-10（a）和图 3-11（a）中可以看到，加入两次谐波后 $D_\phi(r)$ 快速接近理论结构函数，增加更多的谐波次数似乎没有进一步改善 $D_\phi(r)$。当 r=1 时，从图 3-10（b）和图 3-11（b）中可以看到，p=2 的 P_e 大于 p=3 的 P_e，但两者相差只有约 0.2%；而 p>3 后虽然随着 p 的增加，P_e 还会减小，但减小的幅度很小，p=3、4、5 时 P_e 几乎重合到一起。因此可以认为，无论选择 $p_{optimal}$ 为 2 还是 3，都能利用相位屏模拟出准确的大气湍流特性。当选择 $p_{optimal}$=2 时，模拟大气湍流相位屏的速度要快于 $p_{optimal}$=3 时的速度，但模拟大气湍流相位屏的精确度稍差；当选择 $p_{optimal}$=3 时，精确度得到提高，但仿真时间变长。

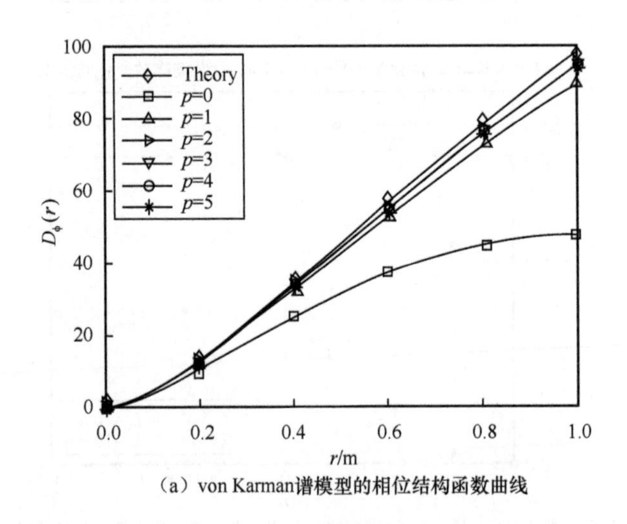

（a）von Karman谱模型的相位结构函数曲线

图 3-10　von Karman 谱模型的相位结构函数和相对误差函数曲线

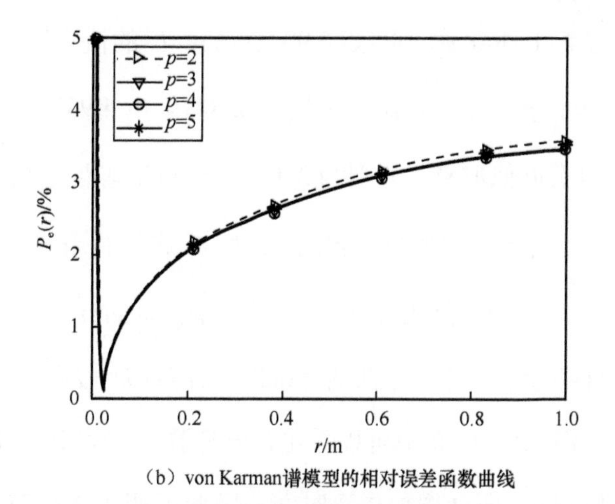

（b）von Karman谱模型的相对误差函数曲线

图 3-10　von Karman 谱模型的相位结构函数和相对误差函数曲线（续）

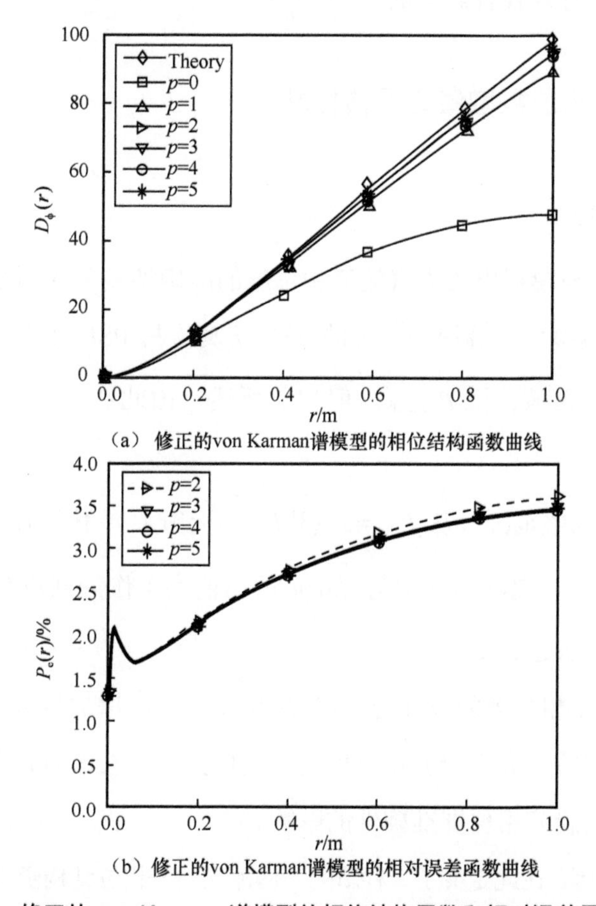

（a） 修正的von Karman谱模型的相位结构函数曲线

（b）修正的von Karman谱模型的相对误差函数曲线

图 3-11　修正的 von Karman 谱模型的相位结构函数和相对误差函数曲线

此外，还可以将上述参数，即α_Φ=0.99、D=2 m，L_0的值分别为10 m和100 m，代入式（3-35）中计算$p_{optimal}$，结果分别为2.8419和4.9378。当需要极高的准确性时，$p_{optimal}$向上近似取整，分别为3和5；当对准确性的要求低于对计算速度的要求时，$p_{optimal}$向下近似取整，分别为2和4，这与利用式（3-27）和式（3-30）求得的结果一致，验证了所给的最优谐波次数$p_{optimal}$的计算公式是准确的。

当采用文献[4]的综合功率比评估标准时，计算得到L_0=10 m时的最优谐波次数$p_{optimal}$为4。但从图3-10中可以看出，若选择p=4，其结果与p=3时相比不仅没有改善准确性，还会增加仿真时间，因此证明了本小节对综合功率比评估标准的改进是有效且有意义的。

3.5.2 相位结构函数增量比评估标准

1. 评估标准

PSF是一个与模拟出的大气湍流相位屏的准确性相关的函数，因此Marcel Carbillet[4]利用模拟大气湍流相位屏的PSF仿真值与PSF理论值在r=D/2处的取值来确定最优谐波次数$p_{optimal}$。但如前所述，由此选出的$p_{optimal}$不够准确，原因如下。

① 选取的频率范围（从$f_{\min}=1/(3^p D)$到无穷大）不准确。

② 该方法是以PSF仿真值与理论值的比值为1作为判断准则选取$p_{optimal}$，而实际此比值无法达到1。

③ 大气湍流相位屏的PSF会随着谐波次数p的增加越来越接近理论值，但p达到一定值后，大气湍流相位屏的准确性虽然还会改善，此评估标准却无法显示p对大气湍流相位屏准确性的影响。

基于上述原因，在此定义了一种新的评估标准——相位结构函数增量，利用此标准能够清晰地看到每次添加谐波给 PSF 带来的影响，有利于精确地选择 p_{optimal}。

定义相位结构函数增量 $\Delta D_{\phi}(r,p)$ 是谐波次数为 p 时的 PSF 值与谐波次数为 $p-1$ 时的 PSF 值的差值，即相邻两个谐波次数之间相位结构函数值的变化量

$$\Delta D_{\phi}(r,p) = D_{\phi}(r)|_{p} - D_{\phi}(r)|_{p-1} \tag{3-36}$$

将式（3-4）、式（3-8）～式（3-10）代入式（3-36）可以得到

$$\Delta D_{\phi}(r,p) = 2\sum_{m'=-1}^{1}\sum_{n'=-1}^{1} h^2(m',n')\left\{1-\exp\left[\mathrm{i}2\pi 3^{-p}\left(\frac{m'm}{N_{\mathrm{x}}}+\frac{n'n}{N_{\mathrm{y}}}\right)\right]\right\} \tag{3-37}$$

由于次谐波法生成的大气湍流相位屏是周期循环的，且最大相位结构函数间隔为 $D/2$，因此 $\Delta D_{\phi}(r,p)$ 中的 r 可以取相位屏范围内的任意一点。通过研究，$r=D/2$ 时 $\Delta D_{\phi}(r,p)$ 的变化效果比较明显，因此式（3-37）可以简化为

$$\Delta D_{\phi}(D/2,p) = 0.9955\times\left(8\Phi_{\phi}(\sqrt{2}f_1)+4\Phi_{\phi}(f_1)\right)\left(1-\cos(\pi f_1 D)\right)f_1^2 \tag{3-38}$$

其中，$f_1 = 1/(3^p D)$。式（3-38）即相位结构函数增量的最终定义式。

相位结构函数增量 $\Delta D_{\phi}(r,p)$ 会随着谐波次数 p 的增加而减小，直到等于或逼近于 0，此时即可认为模拟所得的大气湍流相位屏最接近于实际湍流特性。但是，在选择最优谐波次数 p_{optimal} 时，不一定要选择 $\Delta D_{\phi}(r,p)$ 等于 0 时对应的谐波次数，可以根据相位结构函数的理论值 $D_{\phi}^{\text{theory}}(r)$ 来确定 p_{optimal}，即当 $\Delta D_{\phi}(r,p)$ 远小于 $D_{\phi}^{\text{theory}}(r)$ 时，可以认为此时对应的谐波次数为 p_{optimal}。当

$$P_{\mathrm{D}} = \frac{\Delta D_{\phi}(r,p)}{D_{\phi}^{\text{theory}}(r)}\times 100\% \leqslant 1\% \tag{3-39}$$

时，随着谐波次数 p 的增加，大气湍流相位屏的准确性几乎不再提高，意味着当式（3-39）定义的条件首次满足时，其对应的 p 次谐波对大气湍流相位屏的准确性

已经没有改善效果，所以添加$p-1$次谐波即可生成比较准确的大气湍流相位屏，即最优谐波次数$p_{\text{optimal}}=P_{\text{D}}-1$。因此，式（3-39）可以用于确定最优谐波次数$p_{\text{optimal}}$。

2. 验证与分析

在此依然利用相位结构函数和相对误差函数对上述评估标准进行验证。相位结构函数$D_{\phi}(r)$的定义见式（3-4），相对误差函数$P_{\text{e}}(r)$的定义见式（3-21），不同大气湍流谱模型对应的$D_{\phi}^{\text{theory}}(r)$可分别利用式（3-5）～式（3-7）计算得到。

图 3-12 所示为在D=2 m、N=512×512、L_0=10 m、l_0=0.01 m 条件下，Kolmogorov 谱模型、von Karman 谱模型和修正的 von Karman 谱模型的相位结构函数增量ΔD随谐波次数p变化的情况。从图 3-12 中可以看出，这 3 种谱模型的相位结构函数增量ΔD都会随着谐波次数p的增加而减小，直到为 0。然而，Kolmogorov 谱模型在当$p\geqslant 19$时，ΔD开始无规律地变化，这是因为谐波次数p过大造成“数值变化”[3]，所以此模型在选择p_{optimal}时存在一定的限制。

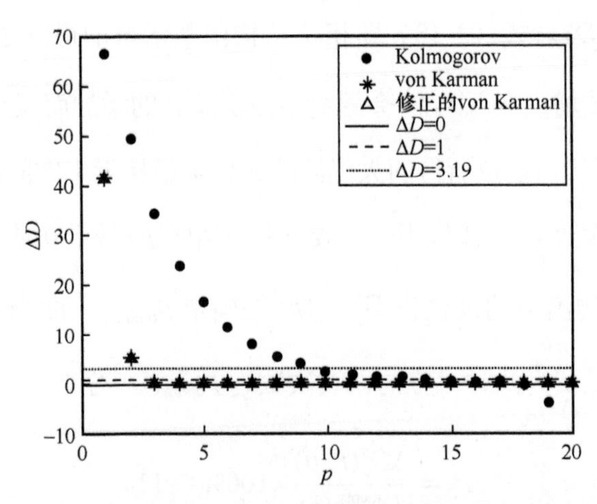

图 3-12　3 种谱模型的相位结构函数增量 ΔD 随谐波次数 p 变化的情况

从图 3-12 中还可以看到，von Karman 谱模型和修正的 von Karman 谱模型的曲线几乎重合，并且在$p\geqslant 3$时$\Delta D=0.124$，而 von Karman 谱模型和修正的

von Karman 谱模型 PSF 的理论值 $D_{\phi}^{\text{theory}}(r)$ 分别为 107 和 97，ΔD 与 $D_{\phi}^{\text{theory}}(r)$ 的比值满足式（3-39），因此认为这时已达到最好效果。相应的最优谐波次数 p_{optimal} 可以选为 2，这与图 3-9 中的结果完全吻合。Kolmogorov 谱模型的 ΔD 随着 p 的增加而减小，直到 $p \geqslant 10$ 时 $\Delta D = 2.67$，而 Kolmogorov 谱模型 PSF 的理论值为 319，此时 ΔD 与 $D_{\phi}^{\text{theory}}(r)$ 的比值满足式（3-39），因此可以认为 $p=10$ 时的 ΔD 已经很小，增加谐波次数的效果不再明显，相应的最优谐波次数 p_{optimal} 可以选为 9，原因及验证如图 3-13 所示。

图 3-13（a）和图 3-13（b）分别是在 $D=2$ m 和 $N=512\times512$ 条件下，Kolmogorov 谱模型取不同谐波次数 p 时模拟得到的大气湍流相位屏的相位结构函数 $D_{\phi}(r)$ 和相对误差函数 $P_{\text{e}}(r)$。如图 3-13 所示，$D_{\phi}(r)$ 随着谐波次数 p 的增加越来越靠近理论值 $D_{\phi}^{\text{theory}}(r)$；相对误差函数 $P_{\text{e}}(r)$ 随着谐波次数 p 的增加幅度越来越小，直到 $p=15$ 时，$P_{\text{e}}(r)$ 发生了数值变化[8]，这说明 $p=14$ 时的 $D_{\phi}(r)$ 最接近 $D_{\phi}^{\text{theory}}(r)$。但是从 $p=10$ 到 $p=14$，每次 p 增加 1，$P_{\text{e}}(r)$ 却降低不到 1%，所以可以认为最优谐波次数 p_{optimal} 为 9。

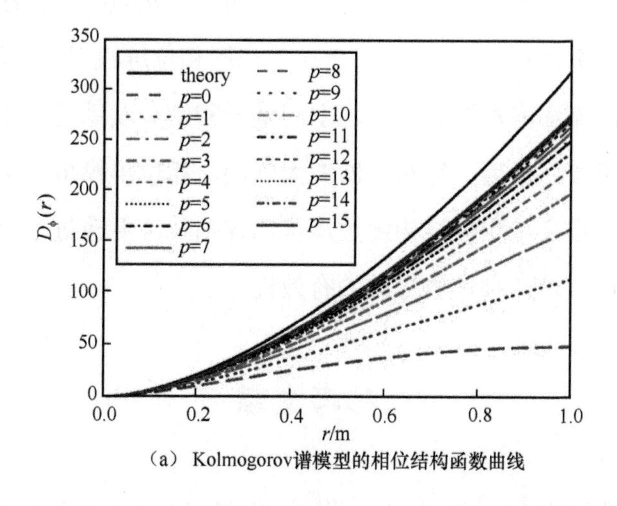

（a）Kolmogorov谱模型的相位结构函数曲线

图 3-13　Kolmogorov 谱模型的相位结构函数和相对误差函数曲线

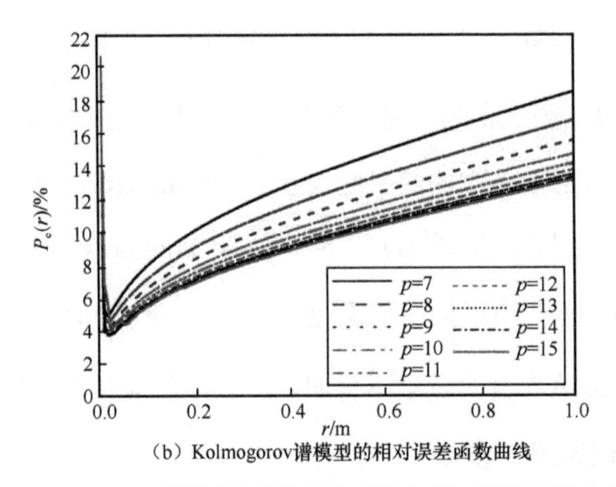

（b）Kolmogorov谱模型的相对误差函数曲线

图 3-13　Kolmogorov 谱模型的相位结构函数和相对误差函数曲线（续）

需要说明的是，前面介绍的相位结构函数增量评估标准和改进的综合功率比评估标准对弱、中、强湍流均适用。

3.6　本章小结

本章首先介绍了大气湍流效应的相位屏模拟方法，以及大气湍流谱模型和相位结构函数的基本概念。然后，介绍了一种改进的次谐波大气湍流相位屏模拟方法，通过验证及与其他方法的对比，证明该方法能够充分地弥补大气湍流相位屏模拟过程中低频信息的缺失，提高了利用相位屏模拟大气湍流的准确性，这为研究大气湍流和海水湍流对自由空间量子密钥分发系统性能的影响提供了一种更有效的手段。最后，针对次谐波大气湍流相位屏模拟方法中的最优谐波次数选取问题，定义了相位结构函数增量比评估标准并改进了综合功率比评估标准，分析验证了这两种评估标准的有效性。

参考文献

[1]　ANDREWS L C. Laser Beam Scintillation with Application[M]. Washington: SPIE

Press, 2001.

[2] KHAS M, SAEEDI H, ASVADI R, et al. LDPC code design for correlated sources using EXIT charts[C]. IEEE International Symposium on Information Theory. IEEE, 2017: 2945-2949.

[3] JOHANSSON E M, GAVEL D T. Simulation of stellar speckle imaging[C]. Proceedings of SPIE-The International Society for Optical Engineering, 1994, 2200.

[4] RICCARDI A, CARBILLET M. Numerical modeling of atmospherically perturbed phase screens: new solutions for classical fast Fourier transform and Zernike methods[J]. Applied Optics, 2010, 49(31): G47-G52.

[5] SCHMIDT J D. Numerical Simulation of Optical Wave Propagation with Examples in MATLAB[M]. Washington: SPIE Press, 2010.

[6] 刘涛, 朱聪, 孙春阳, 等. 一种改进的次谐波大气湍流相位屏模拟方法[J]. 光子学报, 2019, 48(2): 15-20.

[7] MCGLAMERY B L. Computer simulation studies of compensation of turbulence degraded images[J]. The International Society for Optics and Photonics, 1976, 76: 225-233.

[8] LANE R G, GLINDEMANN A, DAINTY J C. Simulation of a Kolmogorov phase screen[J]. Waves in Random Media, 1992, 2(3): 209-224.

[9] RODDIER N A. Atmospheric wavefront simulation using Zernike polynomials[J]. Optical Engineering, 1990, 29(10): 1174-1180.

[10] NOLL R J. Zernike polynomials and atmospheric turbulence[J]. Journal of the Optical Society of America B, 1976, 66(3): 207-211.

[11] 吴晗玲, 严海星, 李新阳, 等. 基于畸变相位波前分形特征产生矩形湍流相屏[J]. 光学学报, 2009, 29(1): 114-119.

[12] LIU T, ZHANG J Z, LEI Y X, et al. Optimal Subharmonics Selection for Atmosphere Turbulence Phase Screen Simulation Using the Subharmonic Method[J], Journal of Modern Optics, 2019, 66(9): 986-991.

[13] 蔡冬梅, 王昆, 贾鹏, 等. 功率谱反演大气湍流随机相位屏采样方法的研究[J]. 物理学报, 2014, 63(10): 227-232.

第 4 章

电离层 E 层对自由空间量子密钥分发系统性能的影响

本章介绍电离层常规 E 层（简称电离层 E 层）对自由空间量子密钥分发系统性能的影响。利用电离层 E 层传输模型，分析量子信号在电离层 E 层的链路衰减随传输距离和太阳天顶角的变化，以及电离层 E 层对信道容量、纠缠保真度、量子误码率和安全密钥率的影响。

为了分析不同波长的量子信号受电离层E层影响的程度，在此使用810 nm、1550 nm 和 3800 nm 这 3 种信号波长。选择这 3 种波长的原因：这 3 种波长都在大气传输窗口范围内；810 nm 处于目前基于卫星（如墨子号）的自由空间量子通信系统所常用的波长范围内[1]，可作为星地量子密钥分发系统所用波长的代表；类似地，1550 nm 是典型的光纤通信波长，并且已被证实可利用此波长解决自由空间量子密钥分发系统的“怕光”问题，在白天实现量子密钥分发系统的稳定运行[2]；3800 nm 波长相对于其他两种波长而言，更远离可见光区域，受背景光噪声的影响更小，同时受到的大气吸收、散射和湍流效应的影响也是最小的，并且本书作者已在理论上验证，可以利用基于光学超晶格的二阶非线性频率变换来产生此波长量子信号。综合上述原因，本书在研究自由空间量子密钥分发系统的波长选择问题时，选取了这 3 种波长作为研究对象。

4.1　电离层 E 层传输模型

电离层 E 层是地球大气层的重要组成部分，位于距离地面 90～150 km 的空间范围内，其内含有大量电离子[3-5]，形态、结构及变化规律相对稳定。在星地量子密钥分发过程中，量子信号从卫星发出后必须经过电离层 E 层传输才能到达地面接收站，因此有必要分析电离层 E 层对星地量子密钥分发特性的影响。

首先建立图 4-1 所示的电离层 E 层传输模型。

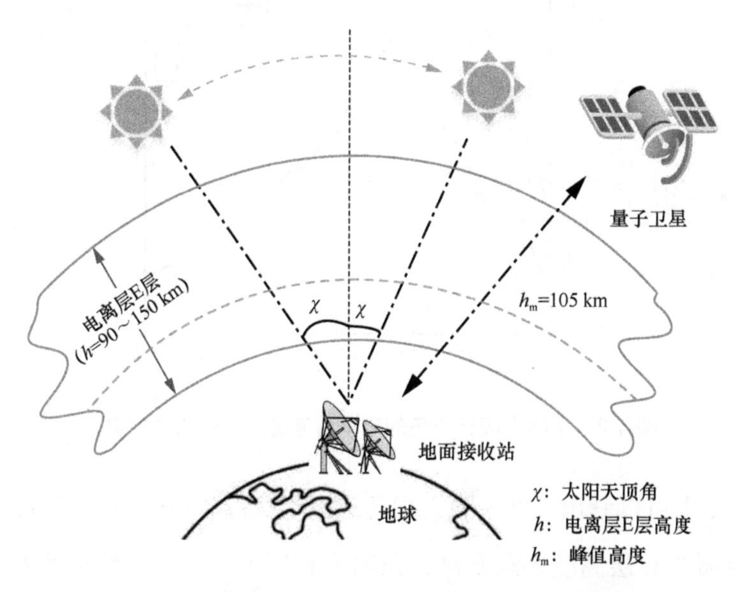

图 4-1　星地量子密钥分发的电离层 E 层传输模型

根据 Chapman 理论[6-9]可知，电离层是中性大气被太阳辐射后经过光化游离产生的，其内部粒子以层状结构存在。由于电离层 E 层整体呈现电中性，可视为其中分布的正离子密度与电子密度相等。电子密度可表示为

$$N_e = N_m \exp\{\tau[1 - Z - \sec\chi \exp(-Z)]\} \quad (4\text{-}1)$$

式（4-1）中，sec 是正割函数，χ 为太阳天顶角；$N_m = (q_0/\alpha)^{1/2}$ 为峰值电子浓度，$q_0 = 4700\ \mathrm{cm^3/s}$ 是 $\chi = 0°$ 时的最大电子产生率，$\alpha = 1.6\times10^{-7}\ \mathrm{cm^3/s}$ 为复合系数[10]；系数 τ 由电子损失率的机制决定[11]，在电离层 E 层中 $\tau = 0.5$；$Z = (h - h_m)/H$ 为约化高度；h 为电离层 E 层的高度；h_m 为 q_0 所在高度，约为 105 km；H=10km 为标高。

由式（4-1）可以看出，太阳天顶角 χ 和电离层 E 层的高度 h 会对电子密度 N_e 产生影响，进而影响在电离层 E 层中传输的量子信号特性。对于不同的太阳天顶角，仿真得到电离层 E 层中的电子密度随高度变化的规律如图 4-2 所示。

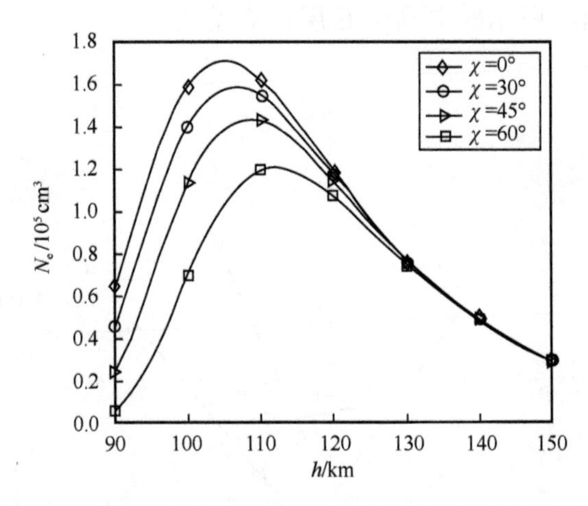

图 4-2　不同太阳天顶角的电子密度随高度变化的规律

从图 4-2 中可以看出，当太阳天顶角逐渐增大时，峰值电子密度随之减小，其对应的电离层 E 层高度逐渐升高；在同一高度下，电子密度也随着太阳天顶角的增大而减小。当太阳天顶角为 0°（即正午）时，在 105 km 左右高度峰值电子密度达到最大值，为 $1.7\times10^5\ \mathrm{cm^3}$。

当光量子信号传输通过电离层 E 层时，可能会与电离层 E 层中的电离子发生碰撞，导致信号能量被吸收，从而产生吸收衰减，衰减系数为

$$\alpha_{\text{abs}} = \frac{\omega}{\sqrt{2}c} \times \sqrt{-\left(1 - \frac{\omega_{\text{p}}^2}{\omega^2 + v_{\text{in}}^2}\right) + \sqrt{\left(1 - \frac{\omega_{\text{p}}^2}{\omega^2 + v_{\text{in}}^2}\right)^2 + \left(\frac{v_{\text{in}}}{\omega}\frac{\omega_{\text{p}}^2}{\omega^2 + v_{\text{in}}^2}\right)^2}} \tag{4-2}$$

式（4-2）中，c 为真空中的光速；v_{in} 为电离层碰撞频率；ω 表示信号频率；ω_{p} 为等离子体特征频率，其与电子密度有关，定义为

$$\omega_{\text{p}} = \sqrt{\frac{N_{\text{e}} q^2}{m_{\text{e}} \varepsilon_0}} \tag{4-3}$$

其中，$q = 1.6 \times 10^{-19}\,\text{C}$ 表示单个电子的电荷量，$m_{\text{e}} = 9.3 \times 10^{-31}\,\text{kg}$ 为电子质量，$\varepsilon_0 = 8.85 \times 10^{-12}\,\text{F/m}$ 是真空介电常数。

由式（4-2）可知，吸收衰减系数取决于信号频率、等离子体特征频率和电离层碰撞频率。由于本章采用的信号波长为纳米级，其电离层碰撞频率可忽略不计，即 $\omega^2 + v_{\text{in}}^2 \approx \omega^2$[12]。

除吸收衰减外，光量子信号还会受到折射衰减，其由空间复折射率决定。在电离层中空间复折射率为

$$\eta = \sqrt{1 - \frac{\omega_{\text{p}}^2 / \omega^2}{1 + \text{i}v_{\text{in}} / \omega}} \tag{4-4}$$

利用空间复折射率 η 的虚部，可以计算单位距离内光量子信号的折射衰减系数，为

$$\alpha_{\text{ref}} = \frac{\omega}{c} \times \text{Im}(\eta) = \frac{\omega}{c} \times \text{Im}\sqrt{1 - \frac{\omega_{\text{p}}^2 / \omega^2}{1 + \text{i}v_{\text{in}} / \omega}} \tag{4-5}$$

式（4-5）中，Im 表示虚部。由式（4-4）可以看出，电子密度的增加会造成空间复折射率减小，进而影响折射衰减系数。

利用式（4-2）和式（4-5）可以计算光量子信号在电离层 E 层传输时的总衰减系数，即

$$\alpha = \alpha_{\text{ref}} + \alpha_{\text{abs}} \tag{4-6}$$

基于IRI-2016国际参考电离层模型，在已知电子密度和信号频率的前提下，利用 WKB（温策尔−克拉默斯−布里渊）近似对衰减系数进行积分[13]，可得光量子信号在厚度 $D = 60\,\text{km}$ 的电离层 E 层中传播时的链路衰减，即

$$A_{\text{tte}} = -10 \times \lg\left[\exp\left(-2\int_0^D \alpha \mathrm{d}h\right)\right] \approx 8.684\int_0^D \alpha \mathrm{d}h \tag{4-7}$$

为了分析比较不同波长光量子信号受电离层 E 层影响的程度，如前所述，本章使用 810 nm、1550 nm 和 3800 nm 这 3 种不同波长光量子信号[14]，得到这 3 种波长光量子信号的总衰减系数随电离层 E 层高度和太阳天顶角变化的情况，如图 4-3 所示。

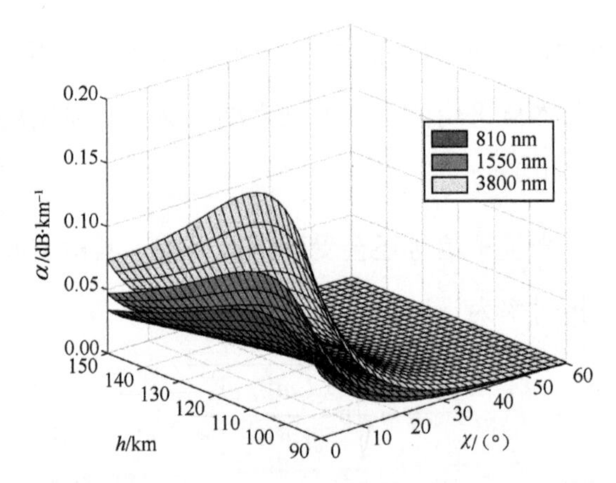

图 4-3　不同波长光量子信号的总衰减系数随电离层 E 层高度和太阳天顶角变化的情况

从图 4-3 中可以明显看出，在相同条件下，长波长光量子信号（如 3800 nm）的衰减系数比短波长光量子信号（如 1550 nm 和 810 nm）的大，即长波长光量子信号穿过电离层 E 层后将受到更大的衰减，这与不同波长光量子信号在平流层和对流层中传输时所受到的影响相反[14]。对于同一种波长光量子信号，在确定的太阳天顶角条件下，随着电离层 E 层高度的变化，衰减系数的变化规律与图 4-2 中电子密度的变化规律相似，都呈现出高斯分布状态，这说明电离层 E 层中的信号衰减主要受到电子密度影响。因此为了减少此影响，应该尽量避免在中午进行通信，这也能减少背景光噪声带来的影响。

4.2　电离层 E 层对信道容量的影响

在进行星地量子密钥分发时，假设电离层 E 层初始环境的量子态为$|e_{\mathrm{I}}\rangle$；量子系统的基态为$|0\rangle$，激发态为$|1\rangle$，当电离层 E 层的环境与量子系统相互作用时，初始环境的量子态$|e_{\mathrm{I}}\rangle$以概率 P 跃迁到$|e_{\mathrm{o}}\rangle$态，量子系统的激发态$|1\rangle$以概率 P 跃迁到$|0\rangle$。上述过程可以由复合系统上的幺正变换表示

$$\begin{cases}|0\rangle|e_{\mathrm{I}}\rangle \to |0\rangle|e_{\mathrm{I}}\rangle \\ |1\rangle|e_{\mathrm{I}}\rangle \to \sqrt{1-P}|1\rangle|e_{\mathrm{I}}\rangle + \sqrt{P}|0\rangle|e_{\mathrm{o}}\rangle\end{cases} \tag{4-8}$$

式（4-8）中，P 是光量子信号在电离层 E 层传输过程中丢失一个光子的概率，可以利用式（4-7）计算得到[15]

$$P = 1 - 10^{-0.1A_{\mathrm{tte}}} \tag{4-9}$$

对环境态求偏迹可得到

$$\boldsymbol{K}_0 = \begin{pmatrix}1 & 0 \\ 0 & \sqrt{1-P}\end{pmatrix} \qquad \boldsymbol{K}_1 = \begin{pmatrix}0 & \sqrt{P} \\ 0 & 0\end{pmatrix} \tag{4-10}$$

若量子系统的初始化密度矩阵为

$$\boldsymbol{\rho} = \begin{pmatrix}a & b \\ r & r^*\end{pmatrix} \tag{4-11}$$

则当光量子信号经过振幅阻尼信道传输后，初始化密度矩阵演变为

$$\boldsymbol{\rho} \to \varepsilon(\boldsymbol{\rho}) \equiv \$(\boldsymbol{\rho}) = \boldsymbol{K}_0\boldsymbol{\rho}\boldsymbol{K}_0 + \boldsymbol{K}_1\boldsymbol{\rho}\boldsymbol{K}_1 = \begin{pmatrix}a + r^*P & b\sqrt{1-P} \\ r\sqrt{1-P} & r^*(1-P)\end{pmatrix} \tag{4-12}$$

其中，$\varepsilon(\boldsymbol{\rho})$表示量子信道的映射，即$\boldsymbol{\rho}$经过量子信道后的输出。

设信源为$\{p_i, \boldsymbol{\rho}_i\}$，$p_i$是量子字符取$\boldsymbol{\rho}_i$时的概率，且$\sum_i p_i = 1$。同时假设量子

字符 $\boldsymbol{\rho}_1=|0\rangle\langle 0|$，$\boldsymbol{\rho}_2=|1\rangle\langle 1|$，经过电离层 E 层环境碰撞后，原始量子态演化为

$$\boldsymbol{\rho}\to\varepsilon(\boldsymbol{\rho})=\varepsilon\left(\sum_i p_i\boldsymbol{\rho}_i\right)=\begin{pmatrix} p_1+p_2P & 0 \\ 0 & p_2(1-P)\end{pmatrix} \tag{4-13}$$

演化后的量子态对应的冯·诺依曼熵为

$$S\left[\varepsilon\left(\sum_i p_i\boldsymbol{\rho}_i\right)\right]=-(p_1+p_2P)\mathrm{lb}(p_1+p_2P)-p_2(1-P)\mathrm{lb}\left[p_2(1-P)\right] \tag{4-14}$$

接收到的量子字符的冯·诺依曼熵为

$$S=p_2\left[-P\mathrm{lb}P-(1-P)\mathrm{lb}(1-P)\right] \tag{4-15}$$

利用 HSW（霍列沃–舒马赫–韦斯特摩尔兰）定理，可以得到振幅阻尼信道容量，即

$$\begin{aligned} C&=\max\left\{S\left[\varepsilon\left(\sum_i p_i\boldsymbol{\rho}_i\right)\right]-S\right\} \\ &=\max\left\{-(p_1+p_2P)\mathrm{lb}(p_1+p_2P)-p_2(1-P)\mathrm{lb}\left[p_2(1-P)\right]-p_2H_2(P)\right\} \end{aligned} \tag{4-16}$$

式中，$H_2(P)$ 为二元熵，$p_2=1-p_1$，p_1 为

$$p_1=\frac{\kappa(1-P)-P}{(1+\kappa)(1-P)} \tag{4-17}$$

其中 κ 可定义为

$$\kappa=2^{\frac{H_2(P)}{1-P}} \tag{4-18}$$

根据式（4-9）和式（4-16）可知，电离层 E 层的电子密度（受太阳天顶角等影响）、传输距离以及信号波长都会对光子丢失概率产生影响，进而影响信道容量。在此采用 3 种不同的波长光量子信号，对信道容量随太阳天顶角和传输距离变化的情况进行分析，结果如图 4-4（a）所示。同时为了更清楚地显示信道容量与传输距离之间的关系，对太阳天顶角为 45°时 3 种不同波长光量子信号的信道容量进行计算，结果如图 4-4（b）所示。

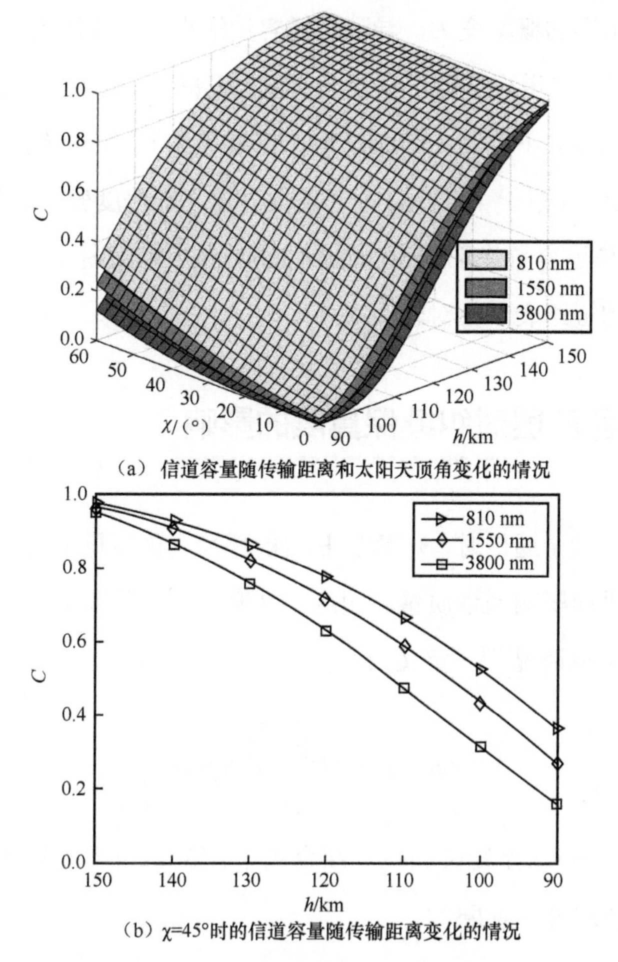

（a） 信道容量随传输距离和太阳天顶角变化的情况

（b） χ=45°时的信道容量随传输距离变化的情况

图 4-4　不同波长光量子信号的信道容量与传输距离和太阳天顶角的关系

在此需要说明的是，图 4-4（a）和图 4-4（b）利用电离层 E 层高度的变化来表示传输距离（电离层下层的高度下降，表示传输距离增大），本章后面涉及与传输距离相关的分析时，都采用这种表示方法。因为本章考虑的是下行传输链路，所以电离层 E 层高度的变化范围为 90～150 km，对应传输距离的变化范围是 0～60 km。

从图 4-4（a）中可以看出，不同波长光量子信号的信道容量随着太阳天顶角的减小以及传输距离的增大呈现出逐渐减小的趋势。当高度一定即传输距离相同时，随着太阳天顶角的减小，电子密度变大，量子态的相干性受到破坏，量子比特发生错误的概率变大，导致信道容量缩小。当太阳天顶角一定时，如图 4-4（b）所示，信道容量随传输距离的增大而减小。当传输距离为 0～20 km（即高度 h 从 150 km 下降到 130 km）时，信道容量下降趋势较缓慢；当传输距离超过 20 km（即 h 小于 130 km）时，信道容量下降速度变快。在相同条件下，810 nm 波长的信道容量优于 1550 nm 和 3800 nm，对比图 4-3 可以得到，这主要是因为前者的链路衰减相对较小。

4.3　电离层 E 层对纠缠保真度的影响

当进行星地量子通信时，电离层 E 层的环境会破坏量子态的相干性，导致纠缠度下降，进而影响通信质量。纠缠保真度可以用于度量经信道传输后光量子信号的状态保持情况[16]，定义为

$$F\left[\boldsymbol{\rho},\varepsilon(\boldsymbol{\rho})\right]=\mathrm{tr}\left(\sqrt{\boldsymbol{\rho}^{\frac{1}{2}}\varepsilon(\boldsymbol{\rho})\boldsymbol{\rho}^{\frac{1}{2}}}\right)^{\frac{1}{2}} \tag{4-19}$$

式（4-19）中，tr() 表示矩阵的迹。结合式（4-13），可得光量子信号在电离层 E 层中传输时的纠缠保真度

$$\begin{aligned}F\left[\boldsymbol{\rho},\varepsilon(\boldsymbol{\rho})\right]&=\mathrm{tr}\left\{\sqrt{\sum_i p_i\boldsymbol{\rho}_i}\,\varepsilon\left(\sum_i p_i\boldsymbol{\rho}_i\right)\sqrt{\sum_i p_i\boldsymbol{\rho}_i}\right\}^{\frac{1}{2}}\\&=\sqrt{p_1\left(p_1+(1-p_1)P\right)}+(1-p_1)\sqrt{1-P}\end{aligned} \tag{4-20}$$

根据式（4-20）仿真得到 3 种不同波长光量子信号的纠缠保真度随传输距离和太阳天顶角变化的情况，结果如图 4-5（a）所示。与信道容量[即图 4-4（a）]相似，不同波长光量子信号的纠缠保真度均随着传输距离的增大以及太阳天顶角的减小而逐渐减小，且在相同条件下 810 nm 波长的纠缠保真度要优于 1550 nm 和 3800 nm 信号波长的纠缠保真度。此外，当传输距离相同时，随着太阳天顶角的减小，光子的丢失概率变大，纠缠保真度随之降低。当太阳天顶角一定时，随着传输距离的增

加，相干性受到破坏，纠缠保真度随之变差。

当太阳天顶角为 45°时，仿真得到不同波长光量子信号的纠缠保真度随传输距离变化的情况，如图 4-5（b）所示。从图中可以看出，当传输距离为 0~20 km（即 h 从 150 km 下降到 130 km）时，不同波长光量子信号的纠缠保真度几乎没有发生变化；当传输距离达到 20 km（即 h 等于 90 km）时，810 nm 波长光量子信号穿过电离层 E 层后纠缠保真度缓慢减小了 0.1，而 3800 nm 波长光量子信号的纠缠保真度的减小程度约为 810 nm 的 3 倍。结合图 4-5（a）和图 4-5（b）进行分析，当太阳天顶角从 60°减小至 30°左右时，不同波长光量子信号的纠缠保真度呈下降趋势，但变化缓慢；而当太阳天顶角从 30°减小至 0°时，不同波长光量子信号的纠缠保真度随着传输距离的增长快速下降。

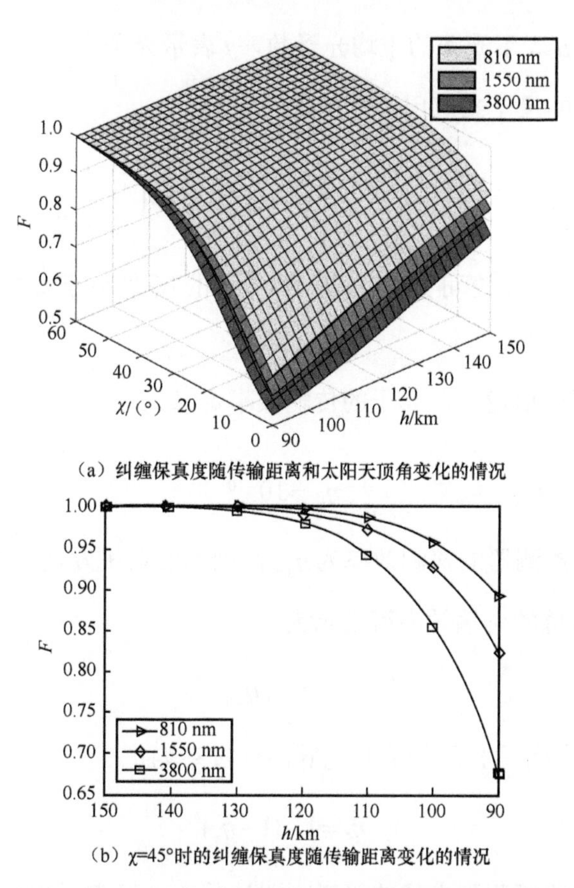

（a）纠缠保真度随传输距离和太阳天顶角变化的情况

（b）χ=45°时的纠缠保真度随传输距离变化的情况

图 4-5　不同波长光量子信号的纠缠保真度与传输距离和太阳天顶角的关系

综合上述分析可知，当考虑电离层E层对信道容量和纠缠保真度的影响时，在实际通信过程中应选择较短的信号光波长，并避免在正午（即太阳天顶角为0°～30°时）进行量子通信。

4.4 电离层 E 层对量子误码率的影响

基于诱骗态BB84协议的量子密钥分发采用弱相干光来代替理想的单光子源，光子数满足泊松分布

$$p_i(\mu)=\frac{\mu^i}{i!}\exp(-\mu) \tag{4-21}$$

式（4-21）中，μ 表示光源的平均光子数，i 表示光子个数。

发射机发射的量子态可用密度矩阵表示为

$$\boldsymbol{\rho}_{\mathrm{A}}=\sum_{i=0}^{\infty}\frac{\mu^i}{i!}\exp(-\mu)|i\rangle\langle i| \tag{4-22}$$

根据随机过程理论可知，光子数 $i\geqslant 3$ 的概率小于0.5%，所以此处取 $i\leqslant 2$[12]。

在电离层E层信道中，光子的传输效率定义为

$$\eta_{\mathrm{E}}=10^{-\frac{\alpha L}{10}} \tag{4-23}$$

假设接收端探测器的探测效率为 $\eta_{\det}$，则当发射机发送一个 i 光子信号时，电离层E层信道总的传输效率可表示为

$$\eta_{\mathrm{s}}=\eta_{\mathrm{E}}\eta_{\det} \tag{4-24}$$

i 光子态在电离层E层传输时的脉冲通过率为

$$\eta_i=1-(1-\eta_{\mathrm{s}})^i \tag{4-25}$$

接收端探测器探测到光子的概率，即计数率，可表示为

$$Y_i = Y_0 + \eta_i - Y_0\eta_i \approx Y_0 + \eta_i \tag{4-26}$$

式（4-26）中，Y_0 为背景计数率，也称为暗计数率。

在量子密钥分发系统中，i 光子态的增益 Q_i 可定义为

$$Q_i = p(i)Y_i = Y_i \frac{\mu^i}{i!}\exp(-\mu) \tag{4-27}$$

此时系统总的增益为

$$Q_\mu = \sum_{i=0}^{\infty} Y_i \frac{\mu^i}{i!}\exp(-\mu) = Y_0 + 1 - \exp(-\eta_s \mu) \tag{4-28}$$

i 光子态误码率为

$$e_i = \frac{e_0 Y_0 + e_{\det}\eta_i}{Y_i} \tag{4-29}$$

式（4-29）中，$e_0 = 1/2$ 是背景光噪声造成的误码率，$e_{\det}$ 表示错误探测的概率。则 i 光子态总的误码率为

$$E_\mu = \sum_{i=0}^{\infty} e_i \tag{4-30}$$

因此，星地量子密钥分发系统总的量子误码率（QBER）可表示为

$$\text{QBER} = E_\mu Q_\mu = \sum_{i=0}^{\infty} e_i Y_i \frac{\mu^i}{i!}\exp(-\mu) = e_0 Y_0 + e_{\det}\left[1 - \exp(-\eta_s \mu)\right] \tag{4-31}$$

当 $\eta_{\det} = 40\%$、$e_{\det} = 1.5\%$、$Y_0 = 1.7\times10^{-6}$、$\mu = 0.1$ 时，计算得到不同波长光量子信号的量子误码率随传输距离和太阳天顶角变化的情况，结果如图 4-6（a）所示。从图 4-6（a）中可以看出，当不同波长光量子信号传输通过电离层 E 层时，在相同的太阳天顶角条件下，随着传输距离的增加，接收端探测器至少能接收到一个光子的概率减小，量子误码率增大。当传输距离固定时，随着太阳天顶角的减小，单位距离内的衰减变大，量子误

码率随之升高。在相同条件下，信号光的波长越短，获得的量子误码率性能越好。

图 4-6（b）所示为太阳天顶角取 45°时，不同波长光量子信号的量子误码率随传输距离变化的情况。与信道容量和纠缠保真度类似，当传输距离在 20 km 以内（即 h 大于 130 km）时，不同波长光量子信号的量子误码率变化不大；当传输距离超过 20 km（即 h 小于 130 km）时，量子误码率逐渐增大，3800 nm 波长光量子信号的增速最快，其次为 1550 nm。

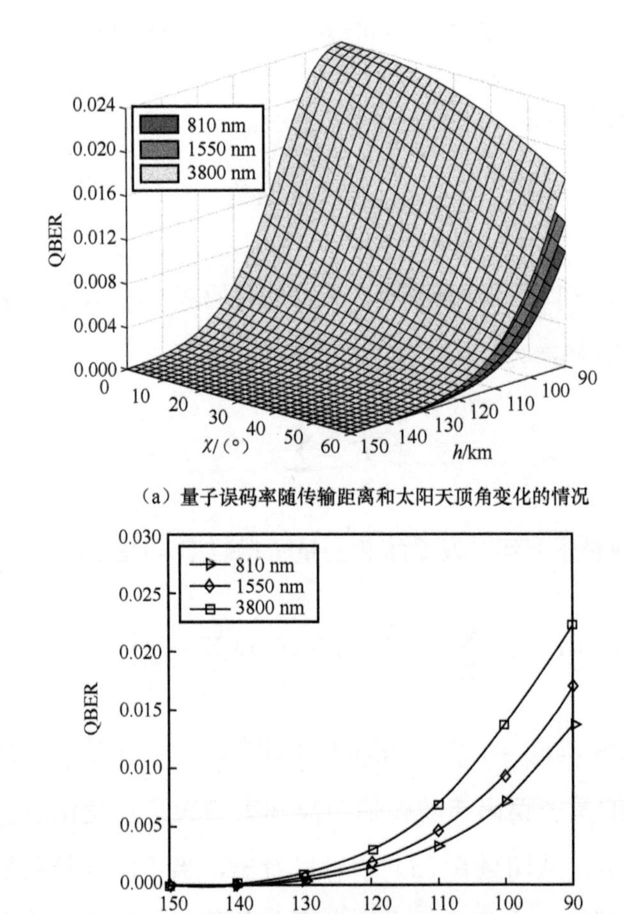

（a）量子误码率随传输距离和太阳天顶角变化的情况

（b）χ=45°时的量子误码率随传输距离变化的情况

图 4-6　不同波长光量子信号的量子误码率与传输距离和太阳天顶角的关系

4.5　电离层 E 层对安全密钥率的影响

除了量子误码率外，安全密钥率也是衡量量子密钥分发系统性能的一个重要参数。当采用诱骗态 BB84 协议时，安全密钥率下限可定义为

$$R \geqslant \zeta\left\{-f(E_{\mu})Q_{\mu}H_2(E_{\mu})+Q_1\left[1-H_2(e_1)\right]\right\} \tag{4-32}$$

式（4-32）中，ζ 表示系统效率，取$1/2$[17]；E_{μ} 是i 光子态总的误码率；$f(E_{\mu})\geqslant 1$ 为纠错效率；Q_1 是单光子态（$i=1$）计数率；e_1 是单光子态（$i=1$）误码率；$H_2(x)$ 为熵函数。

当取 $f(E_{\mu})=1.16$ 时，计算得到 3 种不同波长光量子信号的安全密钥率随传输距离和太阳天顶角变化的情况，结果如图 4-7（a）所示。与量子误码率类似，对于同一种波长的信号，当太阳天顶角确定时，安全密钥率随传输距离的增加逐渐减小。当传输距离一定时，因为电子密度随着太阳天顶角的减小而增加，导致链路衰减增加，所以安全密钥率随之减小。在相同条件下，810 nm 波长的安全密钥率性能比 1550 nm 和 3800 nm 波长的好。

图 4-7（b）表示太阳天顶角为 45°时，不同波长光量子信号的安全密钥率随传输距离变化的情况。结合图 4-7（a）和图 4-7（b）可以看出，当传输距离在 20 km 以内（即 h 大于 130 km）时，不同波长光量子信号的安全密钥率几乎相同；当传输距离超过 20 km 小于 30 km（即 h 大于 120 km 小于 130 km）时安全密钥率开始出现分化，并呈现出缓慢下降的趋势；而当传输距离超过 30 km（即 h 小于 120 km）时，安全密钥率会迅速下降。

综合上述分析可知，当只考虑电离层 E 层对星地量子密钥分发性能的影响时，实际通信系统应选择较短的信号光波长，如 810 nm，这与光量子信号在对流层和平流层环境中传输的情况相反[14,18]。因为短波长光量子信号会受到较大

的背景光噪声影响，不利于在白天进行量子通信。因此对星地量子密钥分发系统的波长选择问题进行深入、综合的研究是十分必要的。

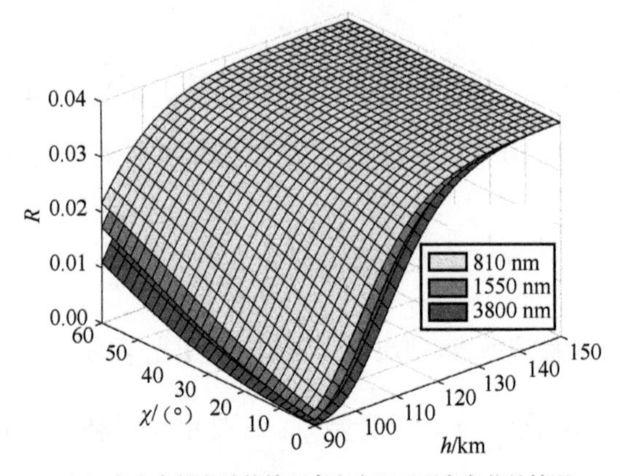

（a）安全密钥率随传输距离和太阳天顶角变化的情况

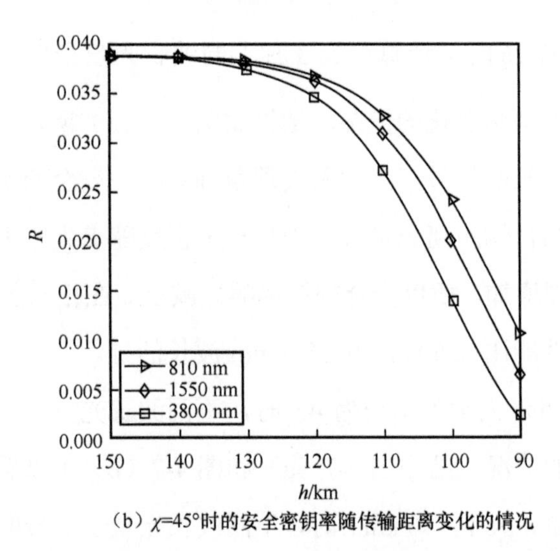

（b）χ=45°时的安全密钥率随传输距离变化的情况

图 4-7　不同波长光量子信号的安全密钥率与传输距离和太阳天顶角的关系

4.6 本章小结

本章介绍了电离层 E 层对星地量子密钥分发系统性能的影响。首先介绍了电离层 E 层传输模型，然后基于此模型分析了采用 810 nm、1550 nm 和 3800 nm

这3种波长光量子信号时，量子密钥分发系统的链路衰减、信道容量、纠缠保真度、量子误码率和安全密钥率特性受电离层E层的影响，并在此基础上对自由空间量子密钥分发系统的波长选择问题进行了初步探讨。

参考文献

[1] BEDINGTON R, ARRAZOLA J M, LING A. Progress in satellite quantum key distribution[J]. npj Quantum Information, 2017, 3: 1-13.

[2] LIAO S K, YONG H L, LIU C, et al. Long-distance free-space quantum key distribution in daylight towards inter-satellite communication[J]. Nature Photonics, 2017, 11: 509-514.

[3] PANCHEVA D. Evidence of a role for modulated atmospheric tides in the dependence of sporadic E layers on planetary waves[J]. Journal of Geophysical Research, 2003, 108(A5): 1176.

[4] ANATOLI P, NADEZHDA P. Long-term monthly statistics of the mid-latitude ionospheric E-layer peak electron density in the Northern geographic hemisphere during geomagnetically quiet and steadily low solar activity conditions[J]. Annals of Geophysics, 2017, 60(2): A0327-A0335.

[5] PFAFF R F. The near-earth plasma environment[J]. Space Science Reviews, 2012, 168(6): 23-112.

[6] CHU Y H, WU K H, SU C L. A new aspect of ionospheric E region electron density morphology[J]. Journal of Geophysical Research: Space Physics, 2009, 114(12): 1-19.

[7] KELLEY M C. The earth's ionosphere: plasma physics and electrodynamics[M]. San Diego, California: Academic Press, 1989.

[8] ZHAO J J, ZHOU C, YANG G B, et al. A new inversion algorithm for backscatter ionogram and its experimental validation[J]. Annales Geophysicae, 2014, 32(4): 465-472.

[9] HAPGOOD M. The space environment and its effects on space systems[J]. The Aeronautical Journal, 2009, 113(1142): 272.

[10] 熊年禄, 唐存琛, 李行健. 电离层物理概论[M]. 武汉: 武汉大学出版社, 1999: 53-59.

[11] STANKOV S M, JAKOWSKI N, HEISE S, et al. A new method for reconstruction of the vertical electron density distribution in the upper ionosphere and plasmasphere[J]. Journal of Geophysical Research: Space Physics, 2003, 108(A5): 1163-1185.

[12] 聂敏, 唐守荣, 杨光, 等. 中纬度地区电离层偶发 E 层对量子卫星通信性能的影响[J]. 物理学报, 2017, 66(7): 259-269.

[13] 袁忠才, 时家明. 碰撞频率对等离子体吸波特性的影响[J]. 微波学报, 2005, 21(S1): 49-52.

[14] 刘涛, 朱聪, 孙春阳, 等. 不同天气条件对自由空间量子通信系统性能的影响[J]. 光学学报, 2020, 40(2): 173-180.

[15] 聂敏, 石力, 杨光, 等. 雷暴云对星地量子链路性能的影响及参数仿真[J]. 通信学报, 2017, 38(5): 31-38.

[16] JOZSA R. Fidelity for mixed quantum states[J]. Journal of Modern Optics, 1994, 41(12): 2315-2323.

[17] 东晨, 赵尚弘, 赵卫虎, 等. 非对称信道传输效率的测量设备无关量子密钥分配研究[J]. 物理学报, 2014, 63(3): 36-40.

[18] LIU T, ZHAO S, et al. Analysis of atmospheric effects on the continuous variable quantum key distribution[J]. Chinese Physics B, 2022, 31(11): 246-253.

第5章

大气效应对量子密钥分发系统性能的影响

本章主要介绍大气效应对采用不同波长光量子信号的自由空间离散变量量子密钥分发系统和连续变量量子密钥分发系统性能的影响。针对离散变量量子密钥分发系统，建立分层结构信道传输模型，介绍大气效应、背景光噪声、卫星天顶角、光束发散角、跟瞄误差角、探测器暗计数等因素对系统误码率和安全密钥率的影响。针对连续变量量子密钥分发系统，建立水平信道传输模型，介绍大气衰减和湍流对量子信号的透射率、额外噪声和中断概率的影响，探讨采用零差检测和外差检测方法，以及遭受集体攻击和个体攻击的情况下连续变量量子密钥分发系统的安全密钥率特性。

5.1 离散变量量子密钥分发系统

在星地量子密钥分发过程中，信号光子在自由空间大气中传输，因此不可避免地会受到大气效应、背景光噪声、卫星天顶角等因素影响，造成量子误码率上升、安全密钥率下降。由于实际中不同波长光量子信号受背景光噪声和大气效应等因素的影响是不同的，所以本节以星地量子密钥分发为背景，研究采用 810 nm、1550 nm 和 3800 nm 这 3 种不同波长光量子信号时，基于离散变量量子密钥分发协议的星地量子密钥分发系统（以下简称“离散变量量子密钥分发系统”）的性能。

5.1.1 信道传输模型

在卫星通信中，天顶角是观察者垂直方向和卫星指向方向之间的夹角，随着卫星的运动一直变化。如图 5-1 所示，当不考虑大气折射率随海拔变化而变化时，天顶角为地面接收站（O）、卫星（S）的连线 OS 与地心（C）、地面接收站（O）的连线 CO 之间的夹角 ξ，此时为“真天顶角”。但由于实际上大气层中的温度和压力随海拔变化而发生改变，折射率也随之改变，造成来自卫星的信号光到达地面接收站的实际路径应该是曲线的，如图 5-1 中 $OQ_1Q_2\cdots Q_{N-1}Q_NS$ 曲线所示。在这种情况下，来自卫星的信号光将以“视在天顶角” ξ_a 而非真天顶角 ξ 到达地面接收站。因此，在实际的星地量子通信过程中，应利用视在天顶角对量子通信特性进行分析，但已有研究大都采用的是未考虑大气折射效应的真天顶角，忽略了大气折射效应对星地链路距离的影响。

基于上述原因，本小节对大气层进行了分层处理，假设每一层都具有相同的折射率，但不同层对应的折射率随海拔变化而改变，基于此建立了图 5-1 所示的分层结构信道传输模型，并利用此模型对星地量子密钥分发特性进行研究。

视在天顶角 ξ_a 与真天顶角 ξ 之间的关系为

$$\xi_a = \arcsin\left(\frac{1}{n_0}\sin\xi\right) \tag{5-1}$$

其中 n_0=1.000 27 是近地面大气的折射率。

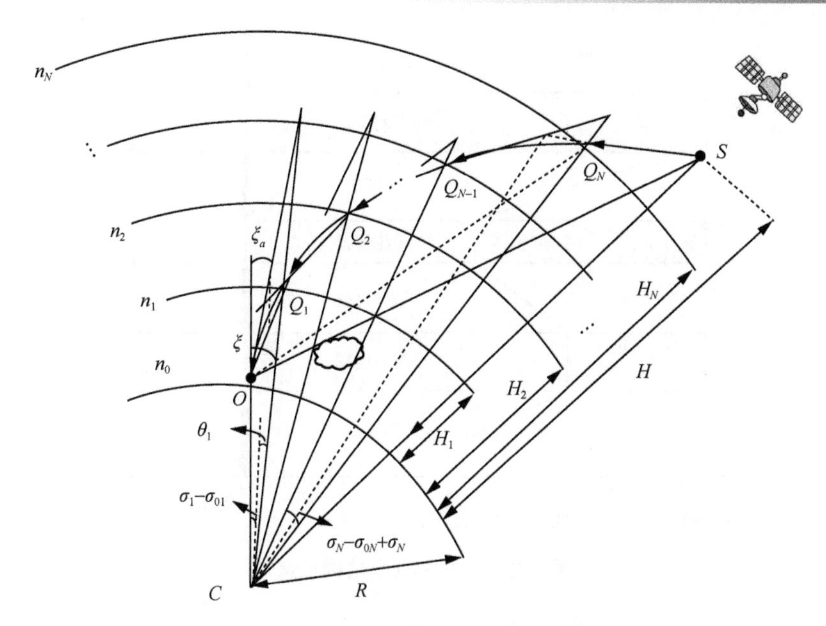

图 5-1　星地量子密钥分发信道传输模型

在星地量子密钥分发过程中，假设卫星轨道是圆形的，地球半径 R 是 6371 km，H=500 km 是卫星距离地面的高度。当不考虑折射率随海拔变化而变化时，地面接收站和卫星之间的链路距离 OS 可以利用图 5-1 所示的三角形 OCS 计算得到

$$L(\xi) = \sqrt{(H^2 + 2HR + R^2 \cos^2 \xi)} - R\cos\xi \tag{5-2}$$

当考虑折射率随海拔变化而变化时，为了计算链路距离，将大气层分成 N 层，并假设每一层的折射率都是统一的。在这种情况下，前面的传输路径 OS 变成了弯曲的路径 $OQ_1Q_2\cdots Q_N$ 。

标准大气层的结构如图 5-2 所示，随着高度的增加，大气的物理性质有明显的差异，一般可将大气分为 4 层：对流层、平流层、中间层和热电离层。

从图 5-2 中可以看出，对流层位于大气层的最下面，温度随海拔的增加而下降。对流层之上是平流层，平流层温度随海拔的增加而上升。在平流层顶以上，即图 5-2 中海拔超过 50 km 的大气层部分，大气折射率接近真空折射率 1。因此，本小节只对平流层及以下进行分层处理，将 50 km 以下分为 10 层。

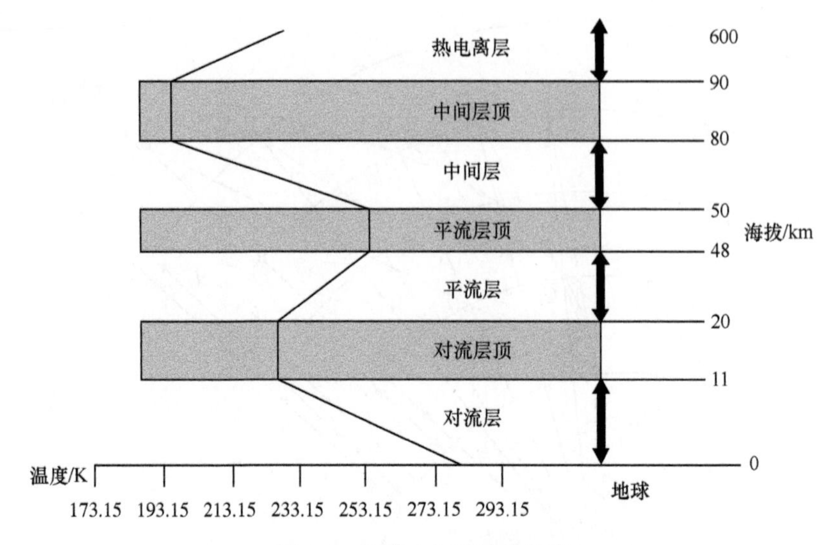

图 5-2　标准大气层结构示意

在光学波长范围内，空气的折射率与气压和温度之间的关系可以表示为[1]

$$n = 1 + 77.6 \times (1 + 7.52 \times 10^{-3} \times \lambda^{-2}) \times \left(\frac{P}{T}\right) \times 10^{-8} \tag{5-3}$$

其中，n 是空气的折射率，λ 是以 μm 为单位的光波长，P 是以 mb 为单位的气压，T 是开尔文温度。

对流层中的温度和气压可以利用下面的式子计算[2]

$$T = T_0 - 6.5h \tag{5-4}$$

$$P = P_0 \times (1 - 6.5 \times h / 288)^{5.255} \tag{5-5}$$

其中，T_0=288 K 为海拔 h=0 时的温度；h 是海拔，单位为 km；P_0 是 h=0 处的气压，为 101.325 kPa。

平流层中的温度和气压的计算式为[1]

$$T(h) = \begin{cases} T_0 + \Delta_1 h_a, h_a \leqslant h < h_b \\ T_0 + \Delta_1 h_a + \Delta_2 (h - h_a), h_b \leqslant h < h_c \\ T_0 + \Delta_1 h_a + \Delta_2 (h_c - h_a) + \Delta_3 (h - h_c), h_c \leqslant h \leqslant h_d \end{cases} \tag{5-6}$$

$$P(h)=\begin{cases}P_1(h)=P(h_a)\exp\left[\dfrac{-Mg(h-h_a)}{DT(h_a)}\right],h_a\leqslant h<h_b\\ P_2(h)=P_1(h_b)\left[1+\dfrac{\Delta_2(h-h_b)}{T(h_b)}\right]^{-\frac{Mg}{R\Delta_2}},h_b\leqslant h<h_c\\ P_3(h)=P_2(h_c)\left[1+\dfrac{\Delta_3(h-h_c)}{T(h_c)}\right]^{-\frac{Mg}{R\Delta_2}},h_c\leqslant h\leqslant h_d\end{cases} \tag{5-7}$$

其中，Δ_1=−6.5 K/km，Δ_2=1.0 K/km，Δ_3=3.0 K/km，这 3 个参数表示在不同的平流层高度范围内，温度随海拔变化的变化率；h_a=11 km，h_b=22 km，h_c=32 km，h_d=50 km；M 为干燥空气分子量，为 28.10；g 为重力加速度，为 9.8 m/s^2，D 为摩尔气体常数，为 8.314 J/(mol • k)。

将 50 km 以下的大气层分为 10（$N=1,2,\cdots,i,\cdots,10$）层，根据式（5-4）～式（5-7）可以求出每层的温度和气压值，如表 5-1 所示。

表 5-1 每层的温度和气压值

分层	高度/km	温度/K	气压/kPa
海平面	0	288	1013.25
1	2	275	794.88
2	4	262	616.29
3	6	249	471.67
4	8	236	355.85
5	10	223	264.21
6	11	217	226
7	20	217	54.7
8	32	229	8.68
9	47	271	1.11
10	50	271	0.67

为了得到经过分层折射后的链路距离，在此利用图 5-3 所示的相关折射角进行计算。

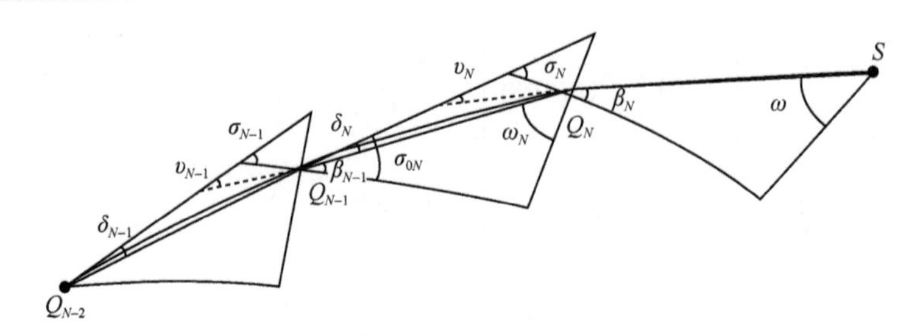

图 5-3　将图 5-1 中的射线路径放大后的模型

第 i 层的纬度上界记为 H_i，该层内的线性路径设为 $L_i(\xi_a)$；第 N 层（对应最后一个分层，N=10）以上的光路位于真空中，用 $L_{N+1}(\xi_a)$表示。此时各层链路距离的计算式[3]分别为

$$L_i(\xi_a)=\left\{(R+H_{i-1})^2+(R+H_i)^2-2(R+H_{i-1})(R+H_i)\cos\left[\Gamma(\xi_a)\right]\right\}^{\frac{1}{2}} \quad (5\text{-}8)$$

$$L_{N+1}(\xi_a)=\left\{(R+H_N)^2+(R+H)^2-2(R+H_N)(R+H)\cos\left[\Lambda(\xi_a)\right]\right\}^{\frac{1}{2}} \quad (5\text{-}9)$$

其中，$\Gamma(\xi_a)=\sigma_i-\sigma_{0i}+\theta_i$，$\Lambda(\xi_a)=\upsilon_N-\delta_N+\omega_N-\omega$。各参数的计算式分别为

$$\sigma_i=\arccos\left(\frac{n_i}{n_{i-1}}\cos\beta_i\right) \quad (5\text{-}10)$$

$$\sigma_{01}=2/\pi-\xi_a,（此为 i=1 时的 \sigma_{0i}） \quad (5\text{-}11)$$

$$\sigma_{0i}=\sigma_i-\sigma_{0(i-1)}+\beta_i+\theta_i+\omega_i-\xi_a, i\neq 1 \quad (5\text{-}12)$$

$$\theta_i=\upsilon_i-(\sigma_i-\beta_i) \quad (5\text{-}13)$$

$$\omega_1=\pi-\xi_a-\delta_1-\sigma_1+\sigma_{01}-\theta_1 \quad (5\text{-}14)$$

$$\omega_i=\arcsin\left\{\frac{C_i}{C_{i-1}}\sin\left[\xi_a-\beta_{i-1}+\sigma_{0(i-1)}\right]\right\}, i\neq 1 \quad (5\text{-}15)$$

$$\omega=\arcsin\left\{\frac{C_H}{C_N}\sin\left[\upsilon_N-\delta_N+\omega_N\right]\right\} \quad (5\text{-}16)$$

$$\beta_i = \arccos\left(\frac{n_0}{n_i} C_i \sin \xi_{\mathrm{a}}\right) \tag{5-17}$$

$$\beta_N = \arccos(n_0 C_H \sin \xi_{\mathrm{a}}) \tag{5-18}$$

$$C_i = \frac{R}{R+H_i}, C_H = \frac{R}{R+H} \tag{5-19}$$

$$\upsilon_i \approx 2\frac{n_{i-1} - n_i}{\tan\beta_i + \tan\beta_{i-1}} \tag{5-20}$$

经过分层折射后，卫星和地面接收站之间的总链路距离为

$$L(\xi_{\mathrm{a}}) = \sum_{i=1}^{N} L_i(\xi_{\mathrm{a}}) + L_{N+1}(\xi_{\mathrm{a}}) \tag{5-21}$$

利用式（5-21）可以计算经过大气分层折射后的链路距离，此链路距离与真实情况中的链路距离近似。如果想更精确地模拟实际大气层的折射效应，可以继续增加大气层所分的层数。

在后续的分析过程当中，均采用经过大气折射后得到的链路距离进行星地量子密钥分发性能研究。

5.1.2　背景光噪声对系统性能的影响

1．单光子捕获概率

单光子捕获概率是量子密钥分发系统的一个重要参量，它代表了发射机和接收机之间的光学耦合作用。在目前的星地量子密钥分发系统中，通常使用雪崩光电二极管进行单光子探测。在直角坐标系下，沿 z 轴方向传播的归一化基模高斯光束的表达式为[4]

$$\varpi(x,y,z) = \sqrt{\frac{2}{\pi}}\frac{1}{w(z)}\exp\left[-\frac{x^2+y^2}{w(z)^2}\right]\exp\left\{-\mathrm{i}\left[k\left(z+\frac{x^2+y^2}{2R(z)}\right)\right]-\arctan\left(\frac{z}{f}\right)\right\} \tag{5-22}$$

其中，f 为高斯光束的共焦参数，k 为传播常数，$R(z)$为 z 点的高斯光束等相位面的曲率半径，$w(z)$为 z 点的高斯光束等相位面上的光斑半径。

光子在垂直于光束传输方向横截面上的概率密度函数的计算式为

$$\rho(x,y,z)=\left|\varpi(x,y,z)\right|^2=\frac{2}{\pi}\frac{1}{w(z)^2}\exp\left[-\frac{2(x^2+y^2)}{w(z)^2}\right] \tag{5-23}$$

设跟瞄误差角为 θ_e，因为实际情况中 θ_e 处于微弧度量级大小，因此

$$w(z)=\frac{1}{2}z\theta_0\approx\frac{1}{2}L\cos\theta_e\theta_0\approx\frac{1}{2}L\theta_0 \tag{5-24}$$

其中，L 为星地链路距离，θ_0 为光束远场发散角。

将式（5-24）代入式（5-23）中，可以得到

$$\rho(x,y,z)=\frac{8}{\pi}\frac{1}{L^2{\theta_0}^2}\exp\left[-\frac{8(x^2+y^2)}{L^2{\theta_0}^2}\right] \tag{5-25}$$

单光子捕获概率可由下式计算得到

$$P_{\mathrm{acq}}=\iint\limits_{s}\rho(x,y,z)\mathrm{d}x\mathrm{d}y=\int\limits_{s}\int\limits_{\pi}^{8}\frac{1}{L^2{\theta_0}^2}\exp\left[-\frac{8(x^2+y^2)}{L^2{\theta_0}^2}\right]\mathrm{d}x\mathrm{d}y \tag{5-26}$$

其中，圆域 s 为$(x-L\theta_e)^2+y^2=\dfrac{d^2}{4}$，$d$ 是接收机的天线孔径。

对式（5-26）进行坐标变换后，得到单光子的捕获概率为

$$P_{\mathrm{acq}}=\int_0^{2\pi}\int_0^{d/2}\frac{8}{\pi}\frac{1}{L^2{\theta_0}^2}\times\exp\left(-\frac{8}{L^2{\theta_0}^2}[(r\cos\beta+L\theta_e)^2+(r\sin\beta)^2]\right)r\mathrm{d}r\mathrm{d}\beta \tag{5-27}$$

从式（5-27）可以看出，星地链路距离 L、光束发散角 θ_0、跟瞄误差角 θ_e，以及接收天线孔径 d 都是影响单光子捕获概率 P_{acq} 的重要因素。

图 5-4 所示是当链路距离 L 分别为 500 km、700 km、900 km（低轨卫星的

高度范围内）时，单光子捕获概率随光束发散角变化的情况，其中接收孔径 d 为 50 cm，跟瞄误差角为 10 μrad。

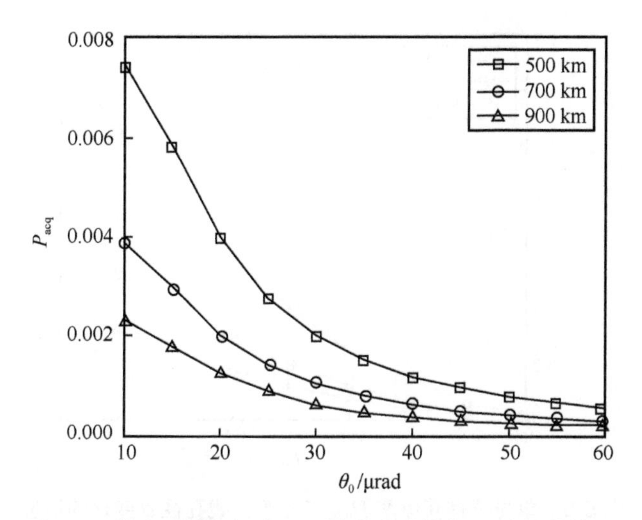

图 5-4 单光子捕获概率 P_{acq} 随光束发散角 θ_0 变化的情况

从图 5-4 中可以看出，同一段链路距离下，单光子捕获概率随着光束发散角的增大而降低，例如当 L 为 700 km、θ_0=10 μrad 时，P_{acq} 的值大概为 0.004；当 L 为 700 km，θ_0=35 μrad 时，P_{acq} 的值降低至约 0.0007。此外，同一个光束发散角下，链路距离越长，单光子捕获概率越低，例如当 θ_0=10 μrad 时，L 在 500 km、700 km、900 km 下 P_{acq} 的值分别约为 0.0075、0.0038、0.0022。另外还可发现，随着光束发散角的增大，不同链路距离下 P_{acq} 的值的差距越来越小。

图 5-5 所示是当链路距离分别为 500 km、700 km、900 km，光束发散角为 20 μrad，跟瞄误差角 θ_e 为 10 μrad 时，单光子捕获概率随接收天线孔径变化的情况。

从图 5-5 中可以看出，同一段链路距离下，天线孔径越大，单光子捕获概率越高，例如当 L=500 km、d=40 cm 时的 P_{acq} 约为 0.25×10^{-2}，L=500 km、d=80 cm 时的 P_{acq} 约为 1×10^{-2}。此外，同一个天线孔径下，链路距离越长，单光子捕获概率越低，例如当 d=80 cm 时，L=500 km、700 km、900 km 对应的 P_{acq} 的值分

别为 1×10^{-2}、0.5×10^{-2} 和 0.3×10^{-2}。并且随着天线孔径的增大，不同链路距离下 P_{acq} 的值的差距越来越大。

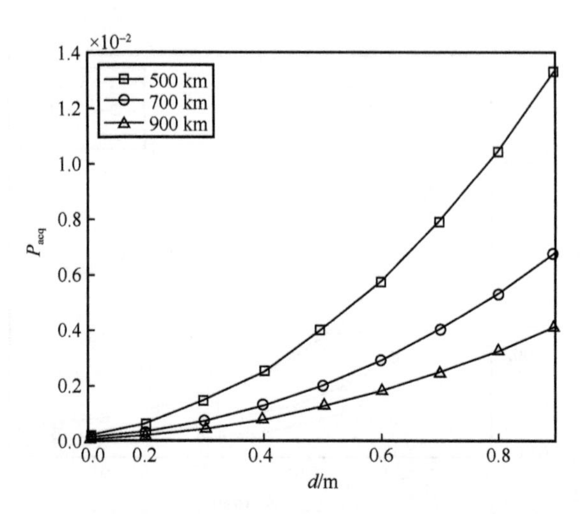

图 5-5　单光子捕获概率 P_{acq} 随接收天线孔径 d 变化的情况

图 5-6 所示是当链路距离分别为 500 km、700 km、900 km，光束发散角为 20 μrad，接收天线孔径为 50 cm 时，单光子捕获概率随跟瞄误差角变化的情况。

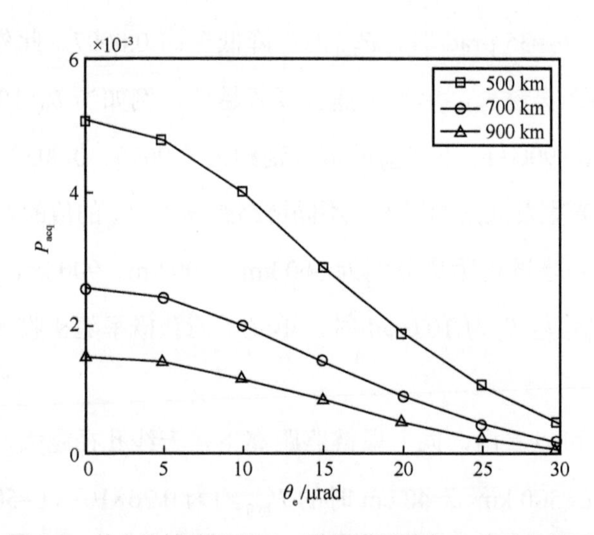

图 5-6　单光子捕获概率 P_{acq} 随跟瞄误差角 θ_e 变化的情况

从图 5-6 中可以看出，同一段链路距离下，跟瞄误差角越大，单光子捕获概率越低，例如当 L=500 km 时，P_{acq} 的值从 θ_e=0 μrad 的 5.1×10^{-3} 降为 θ_e=25 μrad 的 1.1×10^{-3}。此外，同一个跟瞄误差角下，链路距离越短，单光子捕获概率越高，例如 θ_e=20 μrad，当 L=500 km 时的 P_{acq} 约为 2×10^{-3}，L=700 km 时的 P_{acq} 约为 0.9×10^{-3}，L=900 km 时的 P_{acq} 约为 0.5×10^{-3}。随着跟瞄误差角 θ_e 的增大，不同链路距离下 P_{acq} 的值的差距越来越小。

图 5-7 所示是当跟瞄误差角为 10 μrad，光束发散角为 20 μrad，接收天线孔径为 50 cm，卫星距地面的垂直距离为 500 km 时，单光子捕获概率 P_{acq} 随天顶角变化的情况。

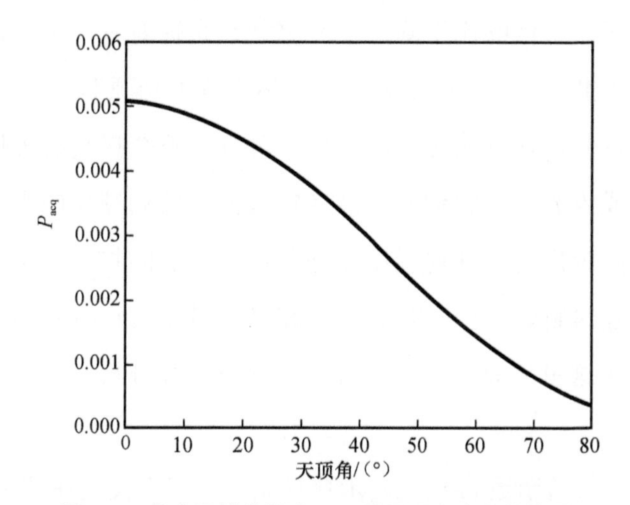

图 5-7　单光子捕获概率 P_{acq} 随天顶角变化的情况

从图 5-7 中可以看出，随着天顶角的增大，P_{acq} 的值逐渐减小，这是因为天顶角的增大使链路距离变长，从而导致单光子捕获概率下降。例如当天顶角为 0°时，P_{acq} 的值约为 0.005，当天顶角为 60°时，P_{acq} 的值约为 0.0016。因为本书考虑了大气折射效应的影响，所以在较大的天顶角条件下，信号的实际传输距离将比忽略大气折射效应影响的传输距离长很多，这使图 5-7 所得结果对于从理论上分析天顶角对单光子捕获概率的影响更具有实际意义。

从以上结果可以看出，天顶角、星地链路距离、光束发散角、跟瞄误差角、接收天线孔径都会影响单光子捕获概率，使单光子捕获概率的值大概在 10^{-5}～10^{-3} 范围内变化。因为卫星轨道相对固定（即星地链路距离相对固定），所以若想提高单光子捕获概率，一方面可以在较小的天顶角下接收信号，另一方面可以通过优化设计发射、接收设备来提高跟瞄精度、减小光束发散角、增大接收天线孔径，从而增加单光子捕获概率。

2. 背景光噪声

在星地量子密钥分发过程中，地面站在接收信号的同时将接收到较强的背景光辐射，此时背景光将和信号光一起被处理，造成整个星地量子密钥分发系统的性能恶化，信噪比下降。在考虑背景光辐射时，可以认为背景光由均匀的辐射源产生。背景光的辐射源（简称“背景光源”）分成两种基本的类型：扩展光源，假定这种光源充满了整个背景，整个接收机视场角都能接收到；分立光源或点光源，它们属于强度较大又比较局域化的光源，在接收机的视场角内不固定出现。任何温度在绝对零度之上的物体均可认为是背景光源，如地面、建筑物、太阳、月亮等。在星地量子密钥分发中，天空是主要的背景光源，在这里只对一般性的背景光噪声进行分析，主要考虑背景光源为太阳和月亮。

通常采用辐射谱函数 $\omega(\lambda)$来表示背景光源，其定义为在波长λ处的单位带宽上，每单位面积光源辐射到单位立体角内的功率。大多数背景光源都可用黑体辐射模型描述，其辐射谱函数为[5]

$$\omega(\lambda)=\frac{c^2h}{\lambda^5}\left[\frac{1}{\exp(hc/\kappa\lambda T)-1}\right] \tag{5-28}$$

由式（5-28）可以看出，$\omega(\lambda)$是一个随波长和温度变化的量。其中，c 是真空中的光速，h 为普朗克常数，κ=1.38×10^{-23} J/K 为玻耳兹曼常数，T 为辐射的开尔文温度。

星地量子通信中最强烈的背景光来自白天的太阳光，可以用 5900 K 黑体辐射的恒星辐照度谱模型来分析。夜晚的背景光则主要来自月亮，满月时的辐射谱相当于 400 K 的黑体辐射。白天太阳的辐射强度大概比满月夜晚的辐射强度高三个量级，满月夜晚的辐射强度大概比无月夜晚的辐射强度高两个量级。

图 5-8 所示是背景光噪声的接收模型，假定接收透镜的接收面积为 A，其与光源的距离为 Z，从光源角度来看是一个立体角，约为 A/Z^2 球面角度。将辐射源面积设为 A_s，那么接收的总功率将由接收机视场角 Ω_{fv} 内的辐射源面积决定[5]。

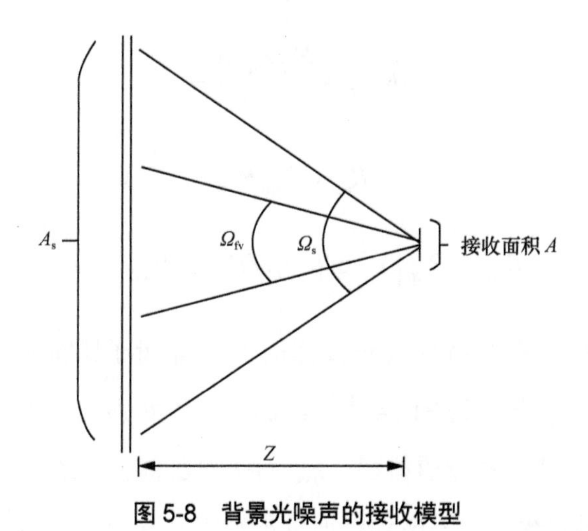

图 5-8　背景光噪声的接收模型

当背景光波长为 λ 时，在接收滤波器带宽 $\Delta\lambda$ 范围内接收的背景率为

$$B=\begin{cases}\omega(\lambda)\Delta\lambda A_s A/Z^2, A_s \leqslant \Omega_{fv}Z^2\\ \omega(\lambda)\Delta\lambda \Omega_{fv}Z^2 A/Z^2, A_s > \Omega_{fv}Z^2\end{cases} \tag{5-29}$$

假设接收机的背景光源立体角为 Ω_s，从图 5-8 可以看出 $\Omega_s \cong A_s/Z^2$，此时式(5-29)可改写为

$$B=\begin{cases}\omega(\lambda)\Delta\lambda \Omega_s A, \Omega_{fv} \geqslant \Omega_s\\ \omega(\lambda)\Delta\lambda \Omega_{fv} A, \Omega_{fv} < \Omega_s\end{cases} \tag{5-30}$$

其中，$A=\pi d^2/4$ 为接收机的面积，d 为接收机天线孔径。一般考虑在 $\Omega_{fv}<\Omega_s$（即接收机视场角小于背景光源立体角）的情况下，分析背景光噪声对星地量子密钥分发性能的影响。

当只考虑背景光噪声的影响时，可将量子比特误码率定义为[6]

$$E_{bac}=\frac{R_{back}}{R_{net}} \tag{5-31}$$

式（5-31）中，R_{net} 和 R_{back} 分别表示经过筛选的比特率和背景光误码造成的密钥比特率，其可分别表示为

$$R_{back}=\frac{F_{sift}R_{rep}B\tau n}{2} \tag{5-32}$$

$$R_{net}=F_{sift}R_{raw} \tag{5-33}$$

$$R_{raw}=R_{rep}\left[1-\exp(-\mu TP_{acq}T_{app}\eta_{det}F_{mea})\right] \tag{5-34}$$

其中，R_{raw} 是单光子在星地链路传输过程中的原始量子比特率；R_{rep} 为发射机脉冲重复率；F_{mea}、F_{sift} 分别为BB84协议的测量因子和筛选因子；τ 为探测器的时间窗口；T 为量子信道传输透射率；η_{det} 为探测器量子效率；T_{app} 为系统装置传输率；n 为探测器的数目。考虑到星地量子密钥分发一般利用偏振态承载信息，所以接收机通常采用 4 个相同的探测器进行探测。

将式（5-32）～式（5-34）代入式（5-31）便可以得到

$$E_{bac}=\frac{1}{2}\frac{B\tau n}{1-\exp(-\mu TP_{acq}T_{app}\eta_{det}F_{mea})} \tag{5-35}$$

为了分析大气折射效应和不同背景光对误码率 E_{bac} 的影响，基于图 5-1 建立的星地量子密钥分发信道传输模型，分别计算得到 3 种不同波长（810 nm、1550 nm、3800 nm）和 3 种不同背景光条件（白天晴朗、满月晴朗、无月晴朗）下的 E_{bac}，计算参数如表 5-2 所示，结果如图 5-9～图 5-12 所示。

表 5-2　不同波长下量子比特误码率的计算参数

符号参数	参数名称	数值
λ	光波长	810 nm、1550 nm、3800 nm
τ	时间窗口	1 ns
η_{det}	探测器量子效率	0.65
$\Delta\lambda$	滤波器带宽	1 nm
d	接收机天线孔径	0.5 m
Ω_{fv}	接收机视场角	40 μrad
T_{app}	系统装置传输率	1
θ_e	跟瞄误差角	0 μrad
θ_0	光束发散角	20 μrad
μ	平均光子数	0.45
F_{mea}	测量因子	1
F_{sift}	筛选因子	1/2

图 5-9 所示是在采用 810 nm 波长光量子信号，白天晴朗、满月晴朗和无月晴朗背景光条件下误码率随天顶角变化的情况，其中右下角的图更直观地展示了无月晴朗和满月晴朗条件下的误码率差异。

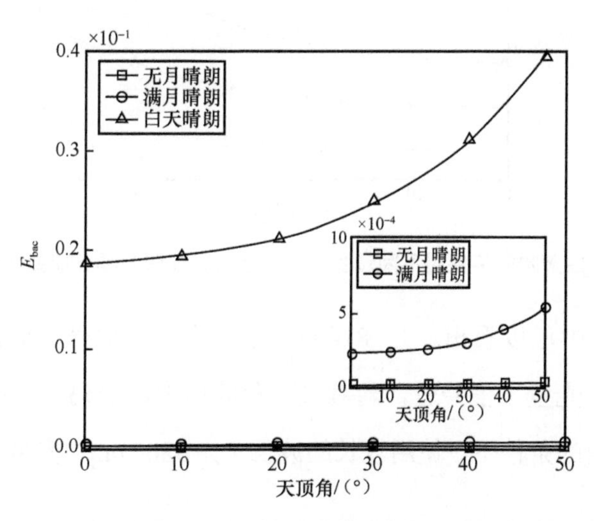

图 5-9　采用 810 nm 波长光量子信号时不同背景光条件下误码率随天顶角变化的情况

从图 5-9 中可以看出，误码率随天顶角的增大而不断增加。这是因为天顶角的增大使链路距离变长，单光子捕获概率变低，量子比特率减少，从而误码率增加。可以看出白天晴朗下的误码率最高，满月晴朗次之，无月晴朗时最低，这是因为无月晴朗下的背景光辐射强度最弱。

目前包括“墨子号”量子通信卫星在内的大部分量子通信过程都在夜晚进行，因为它们采用的信号光波长大多接近可见光区域（如“墨子号”采用的是810 nm附近波长），易受白天强烈的背景光影响，造成误码率急剧恶化甚至通信中断。

图5-10所示是在白天晴朗背景光条件下，采用不同波长光量子信号时误码率随天顶角变化的情况。因为较大的天顶角对通信性能会产生较大的影响，所以实际上星地通信过程大多在天顶角不是很大的情况（如 50°以内）下进行，因此后面的分析过程中重点关注小天顶角条件下的误码率。

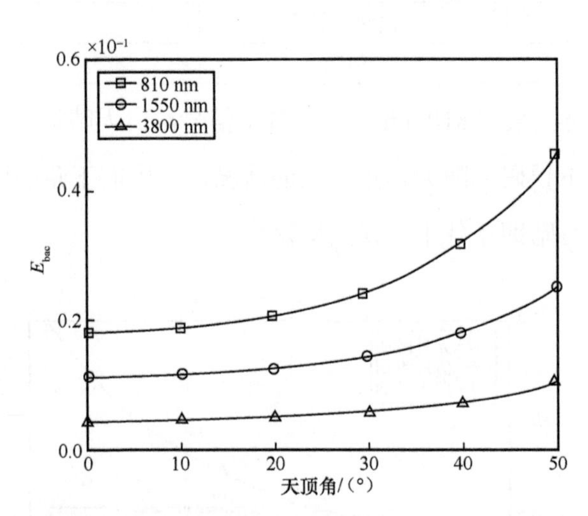

图5-10　白天晴朗下采用不同波长光量子信号时误码率随天顶角变化的情况

从图 5-10 中可以看出，与 810 nm 波长光量子信号类似，采用 1550 nm 和 3800 nm 波长光量子信号时，随着天顶角的增大，误码率的值也逐渐变大。在同一个天顶角的条件下，使用较长的波长（如 3800 nm）光量子信号可以得到较低的误码率。

图5-11所示是在满月晴朗背景光条件下，采用不同波长光量子信号时误码率随天顶角变化的情况，其中内侧的图展示了较小天顶角情况下不同波长光量子信号对应的误码率的差异。与图5-10类似，同一波长条件下，随着天顶角的增大，

误码率逐渐上升；同一天顶角条件下，使用 3800 nm 波长光量子信号得到的误码率最低，1550 nm 次之，810 nm 最高。在 50° 天顶角下，当都使用 3800 nm 波长光量子信号时，满月晴朗下的误码率大概比白天晴朗下的误码率约低两个数量级。

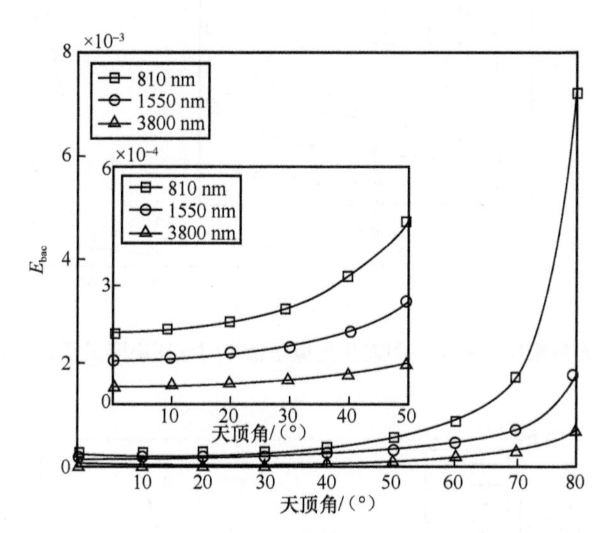

图 5-11　满月晴朗下采用不同波长光量子信号时误码率随天顶角变化的情况

图 5-12 所示是在无月晴朗背景光条件下，采用不同波长时误码率随天顶角变化的情况。与图 5-10 和图 5-11 类似，同一波长光量子信号下误码率的值随天顶角的增大而增大，且同一天顶角条件下长波长光量子信号对应的误码率最低。在 50° 天顶角下，当都使用 3800 nm 波长光量子信号时，无月晴朗下的误码率大概比满月晴朗下的误码率又低两个数量级。

综上所述，背景光噪声对星地量子密钥分发的误码率特性具有较大的影响。当在夜晚进行量子通信时，在较小的天顶角条件下采用 810 nm、1550 nm 和 3800 nm 波长光量子信号可以获得近似的误码率特性。但是如果想在白天实现长时间稳定的量子密钥分发，长波长（如 3800 nm）光量子信号将是较好的选择。

针对目前星地量子密钥分发系统的实际运行情况，下面在满月晴朗背景光条件下采用 810 nm 波长光量子信号，对误码率随跟瞄误差角和光束发散角变化的情况进行分析，结果如图 5-13 和图 5-14 所示。

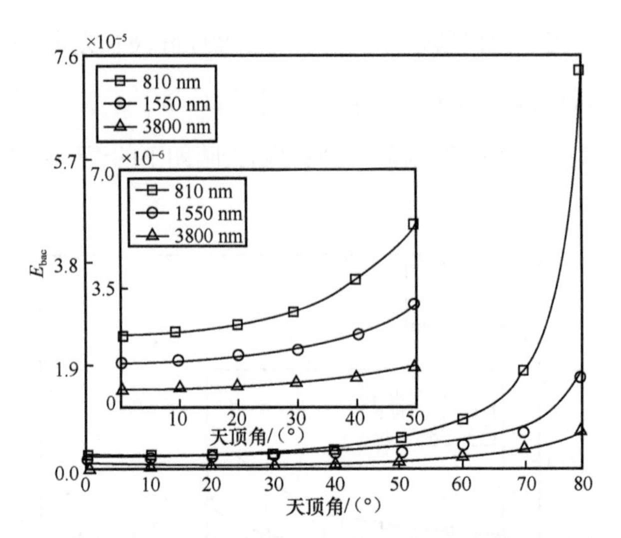

图 5-12　无月晴朗下采用不同波长光量子信号时误码率随天顶角变化的情况

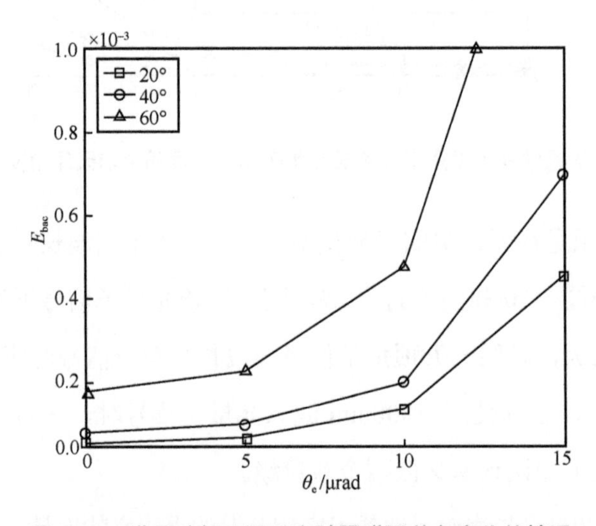

图 5-13　满月晴朗下误码率随跟瞄误差角变化的情况

从图 5-13 和图 5-14 中可以看出，天顶角、跟瞄误差角和光束发散角越大，误码率越高，这是因为单光子捕获概率随着天顶角、跟瞄误差角和光束发散角的增大而降低。

若要减少背景光噪声的影响，可以通过优化接收机装置来过滤背景光，主要方法如下。

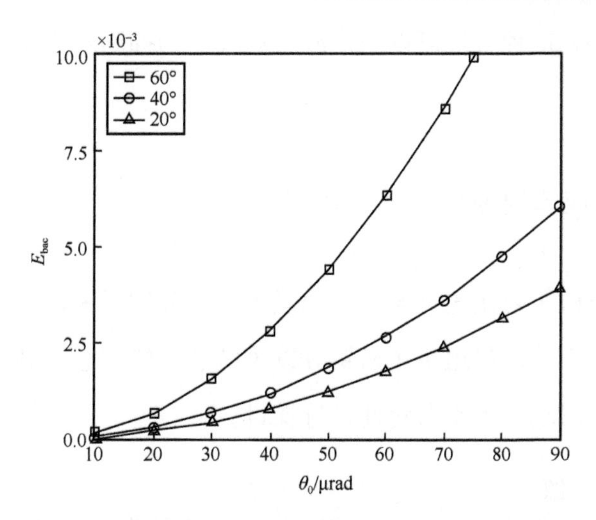

图 5-14　满月晴朗下误码率随光束发散角变化的情况

背景光波长是连续的，所以在使用探测器之前必须使用窄带滤光片，即频域滤波。窄带滤光片的作用是控制不同波长光的透过率，提高阻带上的抑制能力。目前最常用的滤光片包括：干涉滤光片，带宽 $\Delta\lambda$ 一般为 10 nm，透射率为 40%～70%；双折射滤光片，带宽 $\Delta\lambda$ 为 0.1 nm，透射率小于 20%；原子滤光片，带宽 $\Delta\lambda$ 为 0.01 nm，透射率高于 90%。可以看出，原子滤光片的性能更好。

减小探测器的时间窗口 τ 也可以降低背景光引起的误码率，这种方法为时域滤波。为了减少背景光子的数量、暗计数，单光子探测器（SPD）大部分时间处于关闭模式。只有当信号光子预期到达时，单光子探测器才会打开一个窄时间窗口，让它们进入光电二极管，并阻止到达时间窗口之外的噪声光子。时间窗口越窄，这种方法就越有效，但相应地也提高了对准确把握信号光子到达时间的要求。

原则上，接收系统的孔径越小，背景光的干扰就越少，接收到的背景光噪声也越少，这种通过减小接收孔径来降低背景光噪声的方法为空间滤波。但是，孔径越小，信号光子被接收到的难度越大，对系统的跟瞄精度提出的要求越高。

经过以上分析可知，使用长波长光量子信号也可以降低由背景光噪声引起的误码率 E_{bac}，这是因为长波长光量子信号远离可见光波段，因此受到背景光噪声的影响较小。这种方法可以叫作波长滤波，为抑制背景光噪声的影响提供了新的思路。

5.1.3 大气效应等对系统性能的影响

前面主要分析了背景光噪声对星地量子密钥分发系统误码率的影响。实际上除了背景光噪声外，星地量子密钥分发系统的性能还会受到大气效应、探测器暗计数等因素影响，本小节对此进行探讨。

1. 单光子计数

单光子探测器是量子通信系统中的主要接收设备，其性能的好坏会对量子通信系统的整体性能产生重要影响。单光子探测器在接收信号光子的同时会将背景光收集到接收机，产生背景光计数，此外探测器本身还存在暗计数，它们都会产生额外的噪声，因此下面对单光子探测器的背景光计数和暗计数进行分析。

将背景光看作由均匀的辐射源产生，则可将单位时间内背景光包含的光子数定义为

$$B = P_{\mathrm{b}} / E \tag{5-36}$$

其中，E 是光子能量，P_{b}表示背景光噪声功率。将 P_{b} 定义为[7]

$$P_{\mathrm{b}} = H_{\mathrm{b}} \Omega_{\mathrm{fov}} \pi r^2 \Delta\lambda \tag{5-37}$$

式（5-37）中，H_{b}是背景光辐射强度；Ω_{fov}和 $\Delta\lambda$ 分别是望远镜视场角和滤波器带宽；r 为接收机孔径半径。将式（5-37）代入式（5-36）并由 $E=hc/\lambda$ 得到背景率的计算式

$$B = \frac{\lambda H_{\mathrm{b}} \Omega_{\mathrm{fov}} \pi r^2 \Delta\lambda}{hc} \tag{5-38}$$

设 N_{b} 为背景光引起的单光子计数，在星地量子密钥分发的时间窗口 Δt 内[8]

$$N_{\mathrm{b}} = B\Delta t = \frac{\lambda H_{\mathrm{b}} \Omega_{\mathrm{fov}} \pi r^2 \Delta t \Delta\lambda}{hc} \tag{5-39}$$

下面以使用 810 nm 信号光波长和白天晴朗背景光为例，分析单光子计数 N_b 和时间窗口 Δt、接收机视场角 Ω_{fov}、接收天线孔径 r 之间的关系。

r=0.5 m、$\Delta\lambda$=1 nm，当接收机视场角 Ω_{fov} 分别为 20 μrad、40 μrad、60 μrad、80 μrad 时，单光子计数 N_b 随时间窗口 Δt 变化的情况如图 5-15 所示。Ω_{fov}=40 μrad、$\Delta\lambda$=1 nm，当时间窗口 Δt 分别为 1 ns、4 ns、7 ns、9 ns 时，单光子计数 N_b 随接收天线孔径 r 变化的情况如图 5-16 所示。

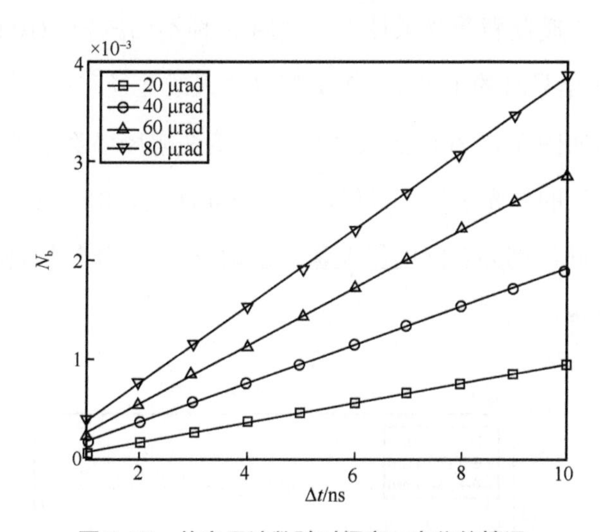

图 5-15　单光子计数随时间窗口变化的情况

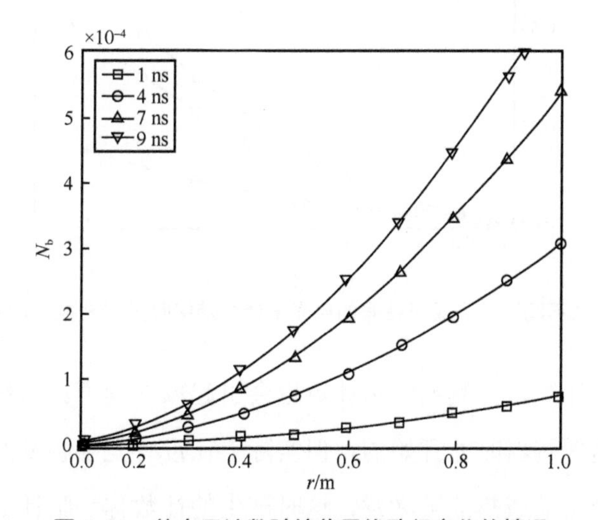

图 5-16　单光子计数随接收天线孔径变化的情况

从图 5-15 和图 5-16 中可以看出，单光子计数随时间窗口的增大呈线性增加趋势，随接收天线孔径的增大呈非线性增加趋势。接收机视场角、时间窗口、接收天线孔径的增大使接收机接收到更多的背景光子，单光子计数率也随之上升。但是增加的这一部分单光子计数率带来的却是额外噪声，因此在实际中需要优化接收机视场角、时间窗口和接收天线孔径，在不影响接收正常信号光子的情况下尽可能减少单光子计数。

下面分析白天晴朗背景光条件下，使用 3 种不同波长（810 nm、1550 nm、3800 nm）光量子信号时的单光子计数，随接收天线孔径和接收机视场角变化的情况，结果分别如图 5-17 和图 5-18 所示。从这两幅图中都不难发现，3800 nm 波长光量子信号下的单光子计数最低，1550 nm 次之，810 nm 最高，这个结论与前面的结论相同，都为实际的星地量子密钥分发系统应采用长波长光量子信号提供了理论支撑。

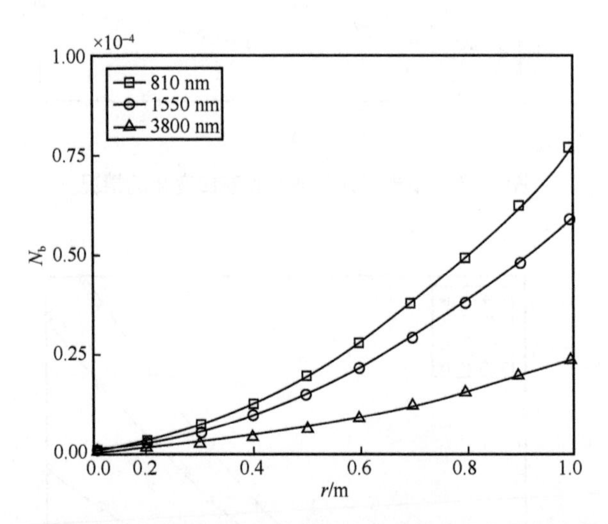

图 5-17　不同波长光量子信号的单光子计数随接收天线孔径变化的情况

除了单光子计数，探测器的暗计数也会引起额外噪声。在理论上，计数是在信号光子到达探测器时才开始的，但实际上在没有光子触发的情况下，暗电流也会因为自身振动或热能被激发，这时产生的计数称为暗计数。在实际探测时，一般使用 4 个相同的单光子探测器，假设每个探测器的暗计数率为 f_{dark}，则暗计数 N_d 在时间窗口 Δt 内为[8]

$$N_d = 4 f_{dark} \Delta t \tag{5-40}$$

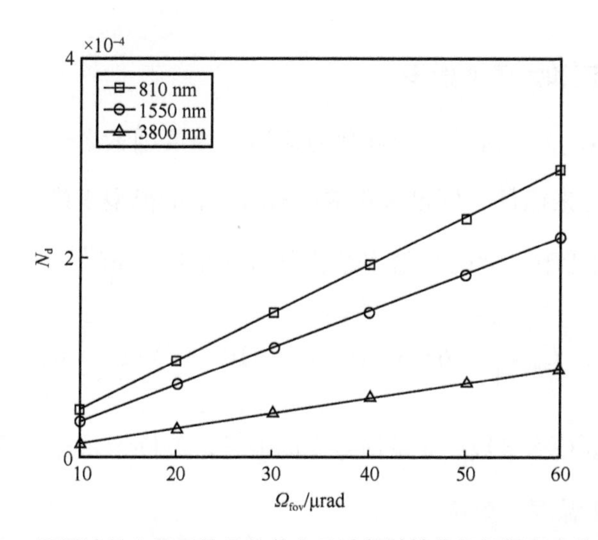

图 5-18　不同波长光量子信号的单光子计数随接收机视场角变化的情况

利用式（5-40）可以计算出不同时间窗口下探测器的暗计数随暗计数率变化的情况，结果如图 5-19 所示。

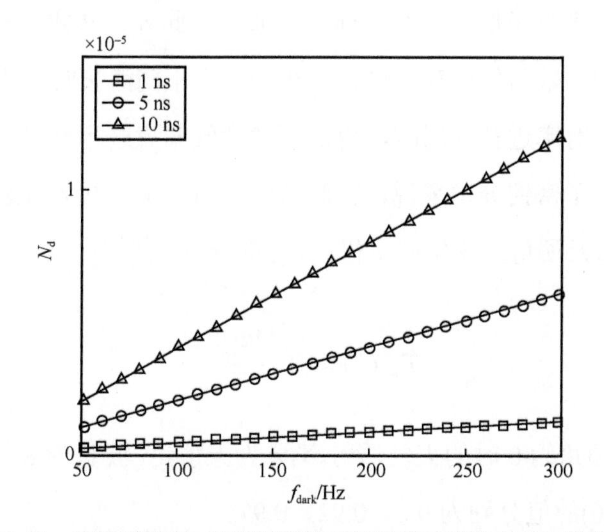

图 5-19　不同时间窗口下探测器的暗计数随暗计数率变化的情况

从图 5-19 中可知，暗计数随着 Δt 和 f_{dark} 的增加都会增加，且随着时间的累加，暗计数会不断增加，N_{d} 的上升趋势会越来越明显。若想减少探测器的暗计数，可以使用暗计数率较低的探测器（如超导单光子探测器）或者精确地减少时间窗口。

2．大气湍流和大气透射率

如前文所述，大气湍流是引起信号衰减的主要因素之一，湍流强度可用折射率结构常数 C_n^2 来衡量。假设采用 Kolmogorov 谱模型来模拟大气湍流对星地量子通信性能的影响，此时折射率结构常数（单位为 $\mathrm{m}^{-2/3}$）为[9]

$$C_n^2 = \left[77.6\times10^{-6}(1+7.52\times10^{-3}\lambda^{-2})\times\frac{P}{T^2}\right]^2 C_T^2 \tag{5-41}$$

其中，C_T^2 为温度结构参数；λ 是信号光的波长，单位为 nm；P 是气压，单位为 mb；T 是开尔文温度，单位为 K。

利用式（5-41）计算出 P=11 mb、T=271 K 时，折射率结构常数 C_n^2 随波长变化的情况，结果如图 5-20 所示。从图 5-20 中可以看出，信号光的波长越长，折射率结构常数越小，即湍流影响越弱。因此，当只考虑大气湍流的影响时，建议采用长波长光量子信号进行星地量子通信。此外，从式（5-41）还可以看出，折射率结构常数与气压和温度密切相关，而不同海拔时气压和温度不同，因此在对大气折射率进行分层时，也需要对大气湍流进行分层处理。

对于星地量子密钥分发来说，在倾斜路径情况下，与大气衰减有关的大气透射率 T_{cha} 会随天顶角的变化而变化，T_{cha} 的计算式[10]为

$$T_{\mathrm{cha}}(\xi) = 10^{-\frac{4.34\tau(0)\sec\xi}{10}} \tag{5-42}$$

其中，$\tau(0)$是天顶角为 0 时的大气透射率，ξ 为天顶角。波长为 810 nm、1550 nm、3800 nm 时，$\tau(0)$的值分别为 0.8、0.92、0.97。

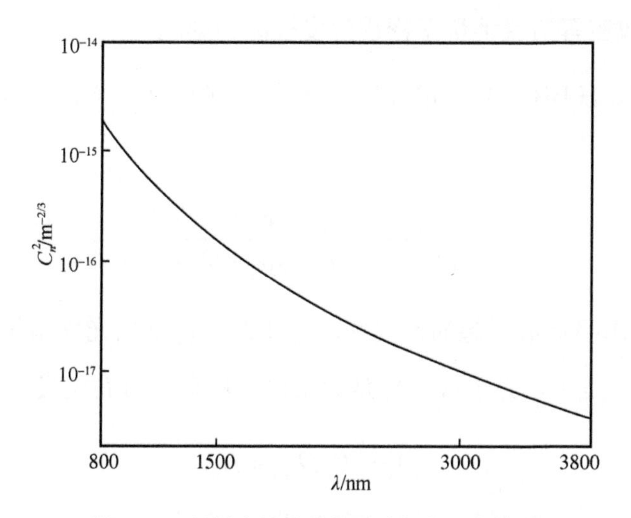

图 5-20　折射率结构常数随波长变化的情况

利用式（5-42）可以计算出不同波长条件下大气透射率随天顶角变化的情况，结果如图 5-21 所示。从图 5-21 可以看出，同一天顶角下，波长越长，大气透射率越高。随着天顶角的增大，大气透射率逐渐降低，可见较大的天顶角对大气透射率的影响是比较大的。综上可知，若想得到较高的大气透射率，可以采用长波长光量子信号并在较小的天顶角条件下工作。

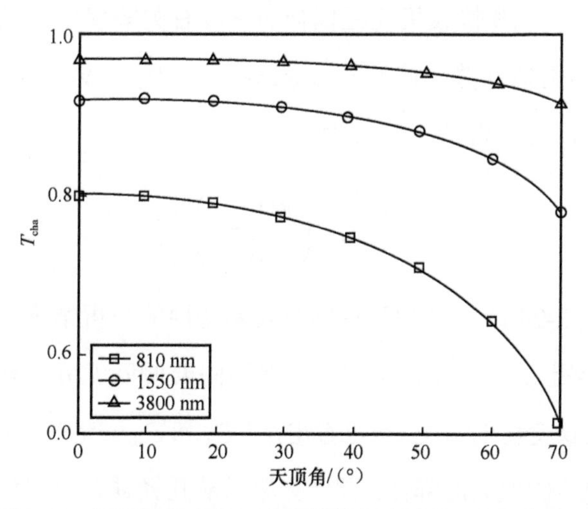

图 5-21　不同波长条件下大气透射率随天顶角变化的情况

3. 大气效应等对星地量子密钥分发性能的影响

当采用诱骗态 BB84 协议进行星地量子密钥分发时，对应的量子误码率计算式为[8]

$$E_{\mu} = \frac{e_0 Y_0 + e_{\text{det}}(1 - \exp(-\varOmega\mu))}{Y_0 + 1 - \exp(-\varOmega\mu)} \tag{5-43}$$

其中，e_0 表示由暗计数引起的误码率，$e_0=1/2$；e_{det} 是由光学系统的非理想性引起的误码率；μ 是平均光子数；Y_0 是背景探测概率，将其定义为

$$Y_0 = N_{\text{b}}\varOmega_{\text{htm}} + N_{\text{d}} \tag{5-44}$$

其中，$N_{\text{b}}\varOmega_{\text{htm}}$ 是检测背景光噪声光子的概率。将 $\varOmega_{\text{htm}}$ 定义为

$$\varOmega_{\text{htm}} = \varOmega_{\text{rec}}\varOmega_{\text{spe}}\varOmega_{\text{det}} \tag{5-45}$$

其中，$\varOmega_{\text{spe}}$ 是滤波器传输效率，$\varOmega_{\text{det}}$ 是光子探测效率，$\varOmega_{\text{rec}}$ 是接收机传输效率。

通过分析可得，总传输效率 $\varOmega$ 为

$$\varOmega = \varOmega_{\text{geo}}\varOmega_{\text{trans}}\varOmega_{\text{htm}} \tag{5-46}$$

其中，$\varOmega_{\text{geo}}$ 是与发射机和接收机孔径耦合的角度有关效率（简称孔径耦合效率），可以用 Friis 方程近似计算。假设 L 为链路距离，D_{T} 是发射机天线直径，D_{R} 是接收机天线直径，可以将 $\varOmega_{\text{geo}}$ 定义为

$$\varOmega_{\text{geo}} = \left(\frac{\pi D_{\text{T}} D_{\text{R}}}{4\lambda L}\right)^2 \tag{5-47}$$

图 5-22～图 5-24 所示是对孔径耦合效率特性的分析结果。

图 5-22 所示是 D_{T}=0.1 m、D_{R}=1 m，在不同天顶角（20°、40°、60°）下的孔径耦合效率随波长变化的情况。可以看出，当 D_{T} 和 D_{R} 一定时，孔径耦合效率 $\varOmega_{\text{geo}}$ 会随波长和天顶角的增大而降低。因此如果只从孔径耦合效率角度出发，实际上星地量子密钥分发系统应采用短波长光量子信号以提高孔径耦合效率。

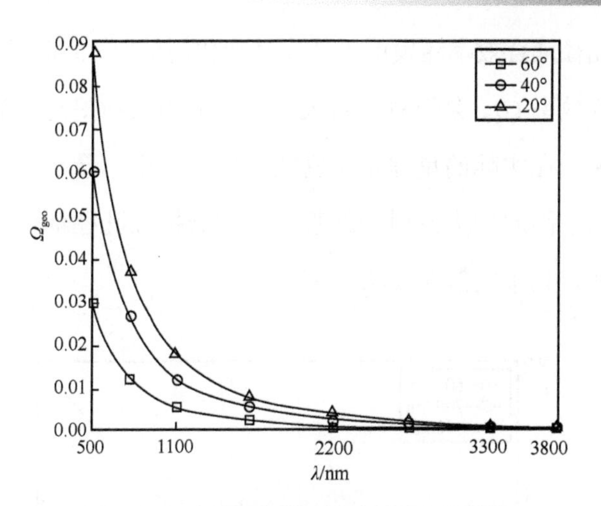

图 5-22 孔径耦合效率随波长变化的情况

图 5-23 所示是 λ=810 nm、D_T=0.1 m，在不同天顶角（20°、40°、60°）下的孔径耦合效率随接收天线直径变化的情况。可以看出当 D_T 和 λ 一定时，孔径耦合效率 Ω_{geo} 会随着接收天线直径的增大而提高，随着天顶角的增大而降低。虽然较大的接收天线直径会带来较高的孔径耦合效率，但也会引入较高的背景光噪声，因此实际中需要使用频域滤波、时域滤波等技术抑制背景光噪声。

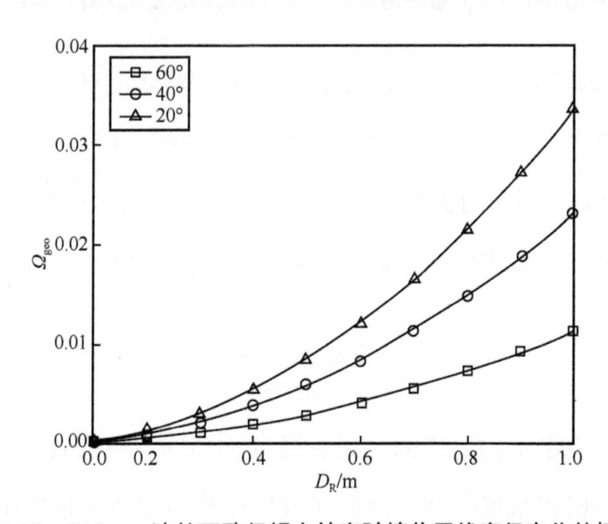

图 5-23 810 nm 波长下孔径耦合效率随接收天线直径变化的情况

图 5-24 所示是 λ=810 nm、D_R=1 m，在不同链路距离（500 km、700 km、

900 km）下的孔径耦合效率随发射天线直径变化的情况。可以看出当 D_R 和 λ 一定时，孔径耦合效率 Ω_{geo} 会随着发射天线直径的增大而提高，随着链路距离的增大而降低。由于在实际的星地量子密钥分发系统中，量子信号发射装置一般被放置在卫星上，因此增大发射天线直径虽然会提高孔径耦合效率，但也会带来设备重量增加、光束发散角变大等问题。

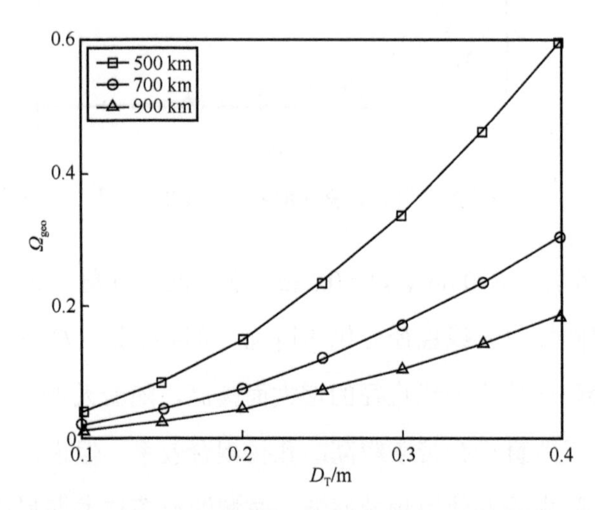

图 5-24　810 nm 波长光量子信号的孔径耦合效率随发射天线直径变化的情况

Ω_{trans} 是只与大气散射和吸收相关的传输效率，即 $\Omega_{trans}=T_{cha}$，因此在式（5-46）中没有大气湍流影响因子。文献[11]在误码率模型中引入了大气湍流传输因子 γ（一个处于[0,1]区间的随机变量，且 γ 越大表示湍流越弱），用于表示大气湍流的影响，其是一个与折射率结构常数 C_n^2 成反比的函数。γ 可表示为

$$\gamma=\log_{10^{-8}}\frac{1}{C_n^2}-1.4 \tag{5-48}$$

如前所述，由于不同海拔的气压和温度都不同，根据式（5-41）可知相应的大气折射率结构常数也不同。因此在分层结构信道传输模型中，不同层的湍流影响是不同的。在此对式（5-48）的大气湍流传输因子 γ 进行改进，改进后的大气湍流传输因子 γ_c 为

$$\gamma_c = \log_{10^{-8}}\left[\left(\frac{1}{C_{n1}^2}+\frac{1}{C_{n2}^2}+\cdots+\frac{1}{C_{nN}^2}\right)\frac{1}{N}\right]-1.4 \tag{5-49}$$

其中，C_{nN}^2 分别表示不同层对应的折射率结构常数。将 γ_c 引入总传输效率，则公式（5-46）变为

$$\Omega = \Omega_{\text{geo}}\Omega_{\text{htm}}T_{\text{cha}}\gamma_c \tag{5-50}$$

量子安全密钥率（SKR）是指最终的安全密钥速率，将其下界定义为[3]

$$R \geqslant q\{-Q_\mu f(E_\mu)H_2(E_\mu)+Q_1[1-H_2(e_1)]\} \tag{5-51}$$

其中，q=1/2 表示诱骗态 BB84 协议的基矢比对效率；μ 为光源的平均光子数；Q_μ 为量子态的增益；E_μ 是整体量子误码率（QBER），可以由式（5-43）求出；Q_1 是单光子态的增益；e_1 是单光子态的错误率；$f(E_\mu)\geqslant 1$ 是双向纠错概率，为纠错过程中交互公开信息量与香农极限的比率，$f(E_\mu)$=1 对应完美纠错情况；H_2 是香农二进制熵函数，计算式为

$$H_2(x) = -x\text{lb}(x)-(1-x)\text{lb}(1-x) \tag{5-52}$$

量子态的增益 Q_μ 是指发射机在发送含有一定数量光子的信号时，接收机的响应率，计算式为

$$Q_\mu = \sum_{i=0}^{\infty} Y_i \frac{\mu^i}{i!}\exp(-\mu) = Y_0 + 1 - \exp(-\Omega\mu) \tag{5-53}$$

其中，Y_0 是背景检测概率（可将其理解为探测器的总暗计数率），$1-\exp(-\Omega\mu)$ 是信号检测概率，Ω 是信号光子传输和检测的效率（即量子密钥分发系统的单光子信号的总透过率）。

单光子态增益的下界可以表示为

$$Q_1 \geqslant \frac{\mu^2\exp(-\mu)}{\mu v - v^2}\left(Q_v\exp(v) - Q_\mu\exp(\mu)\frac{v^2}{\mu^2} - \frac{\mu^2 - v^2}{\mu^2}Y_0\right) \tag{5-54}$$

其中，v 表示弱诱骗态的平均光子数，$v<\mu$；Q_v 是用 v 代替式（5-53）的 μ 得出

的弱诱骗态的增益。

单光子态错误率 e_1 的上界为

$$e_1 \leqslant \frac{E_\mu Q_v \exp(v) - e_0 Y_0}{Y_1 v} \tag{5-55}$$

其中，Y_1 为发送单光子态时探测器的响应概率，将其定义为

$$Y_1 = \frac{\mu}{\mu v - v^2}\left(Q_v \exp(v) - Q_\mu \exp(\mu)\frac{v^2}{\mu^2} - \frac{\mu^2 - v^2}{\mu^2} Y_0\right) \tag{5-56}$$

将式（5-52）～式（5-56）代入式（5-51）即可得到最终的安全密钥率。

下面采用不同波长光量子信号，对星地量子密钥分发系统的总传输效率，不同背景光条件（白天晴朗、满月夜晚、无月夜晚）下的 QBER 和 SKR 随天顶角变化的情况进行分析。计算参数如表 5-3 所示，计算结果如图 5-25～图 5-27 所示。

表 5-3　不同波长光量子信号的 QBER 和 SKR 的计算参数

符号参数	参数名称	数值
λ	光波长	810 nm、1550 nm、3800 nm
Ω_{rec}	接收机传输效率	0.5
Ω_{spe}	滤波器传输效率	0.9
Ω_{det}	光子探测效率	0.5
D_T	发射机天线直径	10 cm
D_R	接收机天线直径	1 m
f_{dark}	暗计数率	250 Hz
Δt	时间窗口	1 ns
μ	平均光子数	0.45
$\Delta\lambda$	滤波器带宽	1 nm
v	弱诱骗态的平均光子数	0.05
r	接收机孔径半径	0.5 m
Ω_{fov}	望远镜视场角	40 μrad

通过式（5-50）计算得到 810 nm、1550 nm、3800 nm 这 3 种不同波长光量子信号的总传输效率随天顶角变化的情况，结果如图 5-25 所示。结果表明，无论何

种波长，总传输效率都随着天顶角的增大而下降，这主要是因为天顶角的增大导致链路距离变长；同一天顶角下，810 nm 波长光量子信号的总传输效率是最高的，1550 nm 次之，3800 nm 最低，例如在天顶角为 0°时，810 nm 波长光量子信号的总传输效率约为 4×10^{-2}，1550 nm 的总传输效率约为 1×10^{-2}，3800 nm 的总传输效率约为 0.2×10^{-2}。造成上述结果的主要原因是孔径耦合效率随着波长的增加而降低。

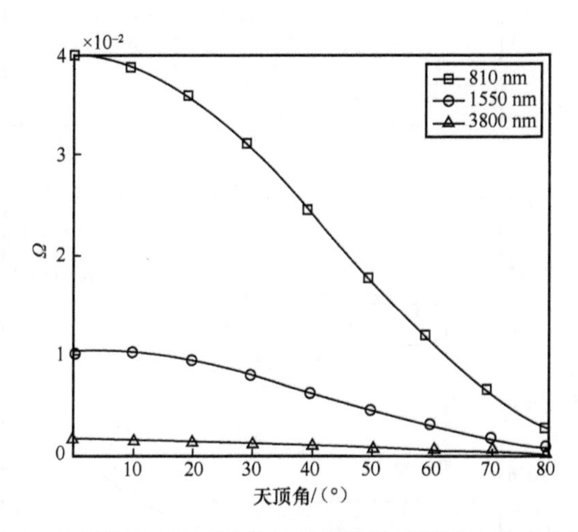

图 5-25　不同波长光量子信号的总传输效率随天顶角变化的情况

图 5-26 所示为在白天晴朗、满月晴朗、无月晴朗 3 种不同背景光条件下，采用 810 nm、1550 nm、3800 nm 这 3 种不同波长光量子信号时仿真得到的星地量子密钥分发系统的 QBER 随天顶角变化的情况。图 5-26（b）和图 5-26（c）中的内图分别展示了在较小的天顶角情况下 810 nm 和 1550 nm 波长光量子信号的 QBER 的变化趋势。

从图 5-26 中可以得到以下几个结论。

① 在同种背景光条件下，无论何种波长光量子信号，QBER 都随着天顶角的增大而增大。当天顶角较小时，同一波长光量子信号的 QBER 随天顶角的增加变化的幅度较小，且不同波长光量子信号的 QBER 的差距也较小，但是在天顶角较大时 QBER 则表现出了明显的差异。此外，从图中可以看出，随着波长的增长，QBER 逐渐增大，所以想要降低 QBER 可以使用较短波长并在较小天顶角下通信。

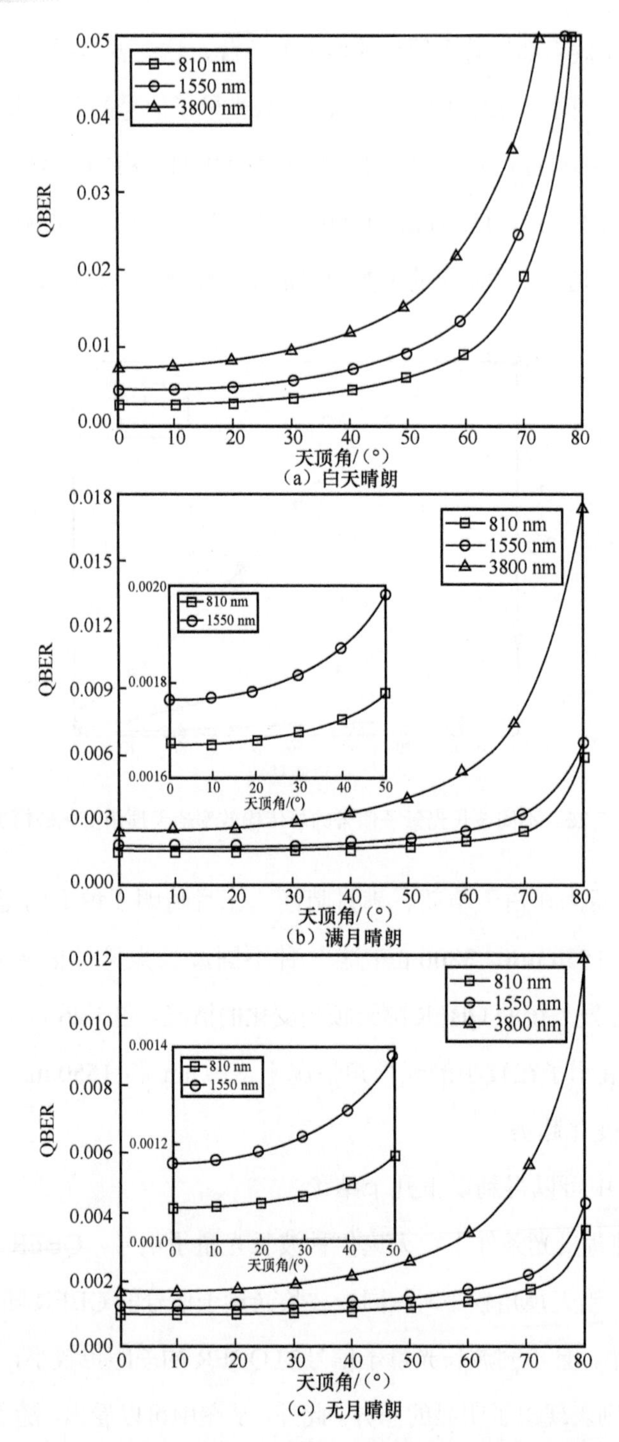

图 5-26 不同波长光量子信号的 QBER 随天顶角变化的情况

② 在不同背景光条件下，当天顶角相同时，同一波长光量子信号在无月晴朗情况下的 QBER 最低，满月晴朗次之，白天晴朗下的 QBER 最高，这与上一小节所得结论相同。

图 5-27 展示了在白天晴朗、满月晴朗、无月晴朗 3 种不同背景光条件下，采用 810 nm、1550 nm、3800 nm 这 3 种不同波长光量子信号时的 SKR 随天顶角变化的情况。

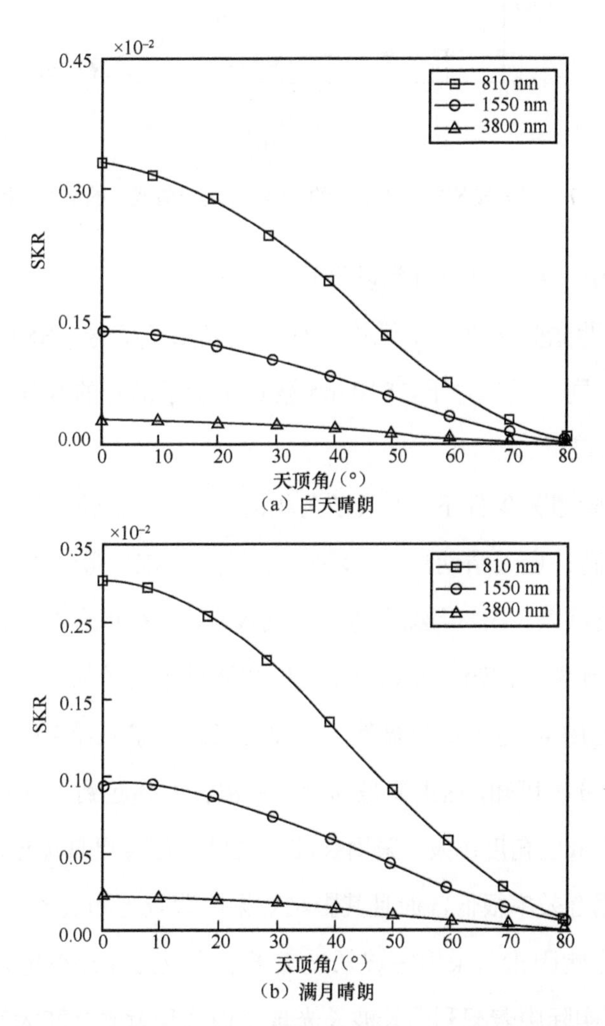

图 5-27　不同波长光量子信号的 SKR 随天顶角变化的情况

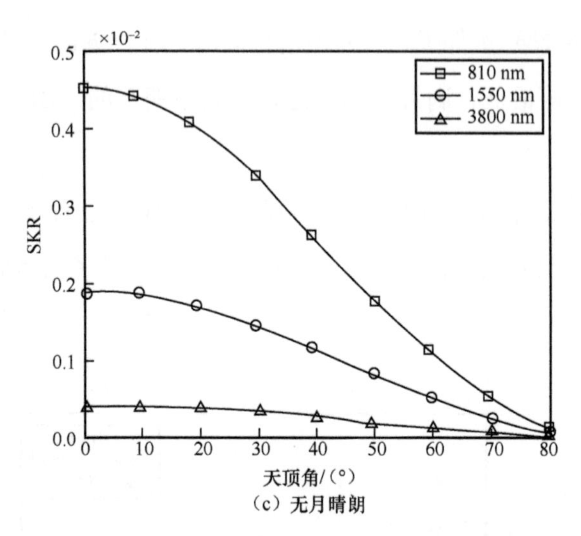

（c）无月晴朗

图 5-27　不同波长光量子信号的 SKR 随天顶角变化的情况（续）

从图 5-27 中，我们可以得到以下几个结论。

① 在同种背景光条件下，无论何种波长光量子信号，SKR 都随着天顶角的增大而降低。同一天顶角下，810 nm 波长光量子信号的 SKR 最高，1550 nm 次之，3800 nm 最低。

② 在不同背景光条件下，当天顶角相同时，同一波长光量子信号在无月晴朗下的 SKR 最高，白天晴朗次之，满月晴朗下的 SKR 最低。

从以上结果可以看出，当综合考虑大气效应、孔径耦合效率和背景光噪声影响等因素时，星地量子密钥分发系统采用较短波长光量子信号时能够获得较高的 SKR 和较好的 QBER，这一结果显然与前面只考虑背景光噪声影响时所得的结论不同。通过深入分析可知，这主要是因为孔径耦合效率起到了重要的作用。例如，从背景光和大气效应角度出发，采用长波长光量子信号更具优势，但长波长光量子信号的孔径耦合效率很低，而且其影响效果比背景光和大气效应的都大很多，从而综合这些影响因素后采用短波长光量子信号反而能获得更好的量子密钥分发性能。因此在实际中若想利用长波长光量子信号受背景光和大气效应影响都小的优势，就需要研发相关技术有效提高长波长量子信号的孔径耦合效率。

基于前面的结论，下面主要针对 810 nm 波长光量子信号，研究不同天顶角、时间窗口下探测器暗计数率对 QBER 的影响，结果分别如图 5-28 和图 5-29 所示。

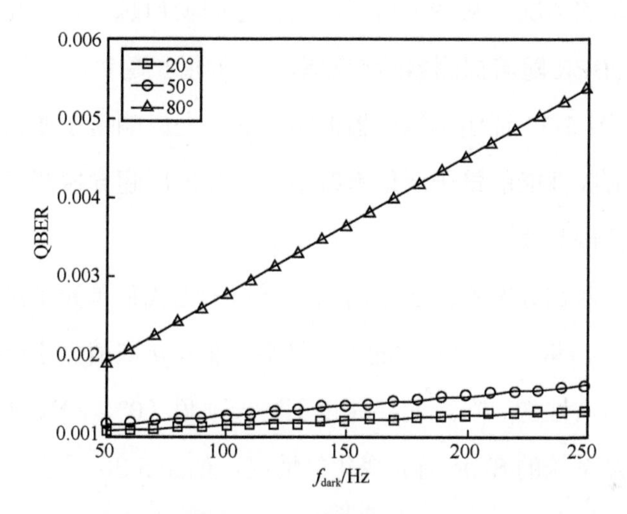

图 5-28　不同天顶角下 QBER 随探测器暗计数率变化的情况

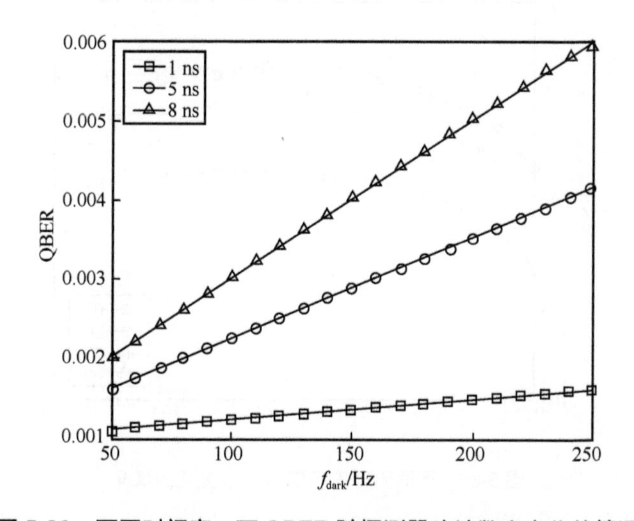

图 5-29　不同时间窗口下 QBER 随探测器暗计数率变化的情况

图 5-28 是在时间窗口为 1 ns，不同天顶角（20°、50°、80°）时 QBER 随暗计数率变化的情况。从图中可以看出，天顶角越大，QBER 越高。在同一天

顶角下，QBER 随着探测器暗计数率的增加呈线性递增趋势，且天顶角越大这种递增趋势越明显。

图 5-29 是在天顶角为 50°时，不同时间窗口下（1 ns、5 ns、8 ns）QBER 随暗计数率变化的情况。从图中可以看出，时间窗口越大，QBER 越高，且时间窗口越长，QBER 随着探测器暗计数率增长的增长趋势越明显。

图 5-28 和图 5-29 证明了探测器的暗计数率是影响量子通信性能的重要因素，因此在目前高性能的量子通信系统中，大多采用超导探测器来代替传统的雪崩光电二极管探测器。

实际上量子密钥分发系统通常用弱衰减相干光代替单光子源。当平均光子数 μ 取值太大时，量子密钥分发的安全性会降低；μ 取值太小时，又会影响量子密钥分发的通信性能。在此简要探讨不同天顶角（0°、20°、40°，60°）下星地量子密钥分发系统的 SKR 随 μ 变化的情况，如图 5-30 所示。

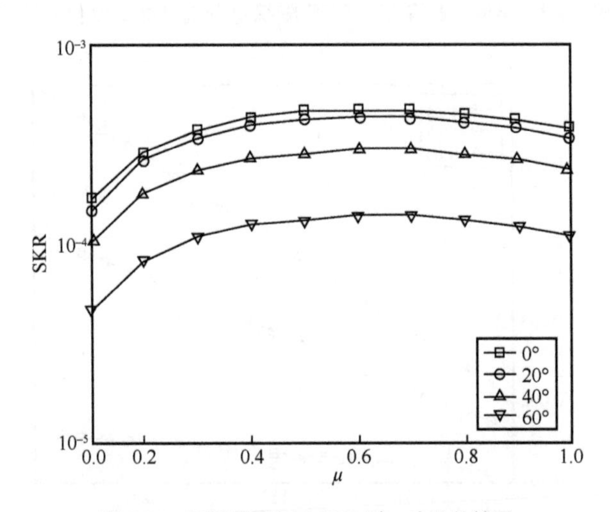

图 5-30　不同天顶角下 SKR 随 μ 变化的情况

从图 5-30 中可以看出，天顶角越大，SKR 越低。此外，不同的天顶角下 μ 都存在一段近乎相同的最优取值范围，为[0.4，0.9]。在这段取值范围内，星地量子密钥分发系统可以获得相对最大的 SKR。

5.2　连续变量量子密钥分发系统

本节主要探讨大气效应对自由空间连续变量量子密钥分发系统性能的影响。首先建立基于纠缠的高斯调制连续变量量子密钥分发信道模型，然后分析采用 810 nm、1550 nm、3800 nm 波长光量子信号时大气效应对透射率、中断概率以及额外噪声的影响，最后针对晴朗和雾霾两种天气，研究零差检测和外差检测、集体攻击和个体攻击下连续变量量子密钥分发系统的安全密钥率。

5.2.1　信道传输模型

为了研究大气效应对连续变量量子密钥分发系统安全密钥率的影响，首先建立基于纠缠的高斯调制连续变量量子密钥分发信道模型，如图 5-31 所示。在发送端，EPR（爱因斯坦–波多尔斯基–罗森）纠缠源产生一对双模压缩纠缠态（简称 EPR 纠缠态），其中一个模式 A 留在本地进行外差检测，另一个模式 A_0 经透射率为 T、额外噪声为 ε 的空间信道发送给接收机。由于自由空间信道的影响，A_0 模式通过信道传输后变成了模式 A_1。假设信道引入的额外噪声为 χ_{line}，其表达式可被定义为 $\chi_{\text{line}}=1/T-1+\varepsilon$。

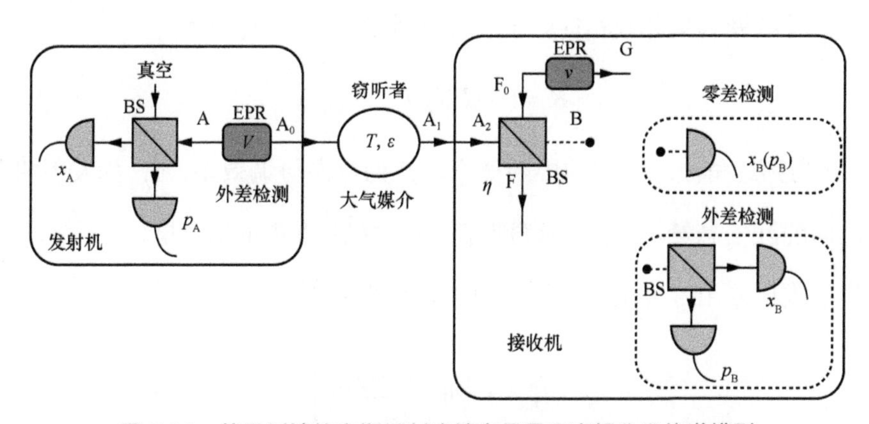

图 5-31　基于纠缠的高斯调制连续变量量子密钥分发信道模型

检测器的特性由检测效率η和电子噪声v_{el}来描述。在接收端，检测器的检测效率可利用传输效率为η的分束器（BS）模拟，而其电子噪声v_{el}由方差为v的EPR纠缠态模拟，其中模式F_0被耦合进分束器的第二个输入端口，如图5-31所示。在连续变量量子密钥分发中，检测器分为两种：一种是外差检测器，即对EPR纠缠态的正交分量x（振幅）、p（相位）同时进行测量；另一种是零差检测器，即随机选择x或者p分量来测量。在接收端，不同的检测方式对应不同的方差v以及检测器输入噪声χ_h。设系统总噪声为χ_{tot}，则其表达式为$\chi_{\text{tot}} = \chi_{\text{line}} + \chi_h/T$。

令“hom”和“het”分别表示零差检测和外差检测：接收机采用零差检测时，方差$v_{\text{hom}} = \eta\chi_{\text{hom}}/(1-\eta)$且$\chi_h = \chi_{\text{hom}} = \left((1-\eta)+v_{\text{el}}\right)/\eta$；采用外差检测方式时，方差$v_{\text{het}} = (\eta\chi_{\text{het}}-1)/(1-\eta)$且$\chi_h$=$\chi_{\text{het}} = \left(1+(1-\eta)+2v_{\text{el}}\right)/\eta$。一旦信息传输阶段完成，发射机和接收机就开始进行纠错、保密增强等过程来获得最终的密钥。纠错协议分为两种：一种是接收机根据发射机发送的验证信息，修正数据使其与发射机的数据一致，称为正向调节协议；另一种是发射机根据接收机发送的验证信息，对自己手中的数据进行筛选，使其与接收机的数据一致，称为反向协调协议。目前后者被使用得较多。

设通信双方根据反向协调协议进行纠错，在窃听者分别使用集体攻击和个体攻击情况时，安全密钥率的计算式如下。

（1）系统受到集体攻击时，安全密钥率计算式定义为[12]

$$K = (1-P)(\beta I_{\text{AB}} - \chi_{\text{BE}}) \tag{5-57}$$

其中，P为到达角波动引起的中断概率，β为反向协调效率，I_{AB}为发射机与接收机之间的互信息量，χ_{BE}表示窃听者从接收机处获得的信息量。

当接收机采用零差检测时，I_{AB}的计算式为[13,14]

$$I_{\text{AB}}^{\text{hom}} = \frac{1}{2}\text{lb}\left(\frac{V+\chi_{\text{tot}}}{1+\chi_{\text{tot}}}\right) \tag{5-58}$$

其中，V 为发射机制备模式的方差。

当接收机采用外差检测时，I_{AB} 的计算式为

$$I_{AB}^{het} = \mathrm{lb}\left(\frac{V+\chi_{tot}}{1+\chi_{tot}}\right) \tag{5-59}$$

χ_{BE} 表示窃听者从接收机处所能获得的信息量上限，即 Holevo 界，将其定义为

$$\chi_{BE} = S(\rho_E) - \int \mathrm{d}m_B P(m_B) S\left(\rho_E^{m_B}\right) \tag{5-60}$$

式中，m_B 表示接收机的测量值；$P(m_B)$ 表示接收机测量值的概率密度；$\rho_E^{m_B}$ 表示在已知接收机的测量结果下，窃听者的状态；$S(\cdot)$ 代表冯·诺依曼熵。

已有研究表明，高斯攻击是集体攻击的最佳选择，所以在此只考虑高斯态，那么 χ_{BE} 可以简化为[15, 16]

$$\chi_{BE} = \sum_{i=1}^{2} G\left(\frac{\lambda_i - 1}{2}\right) - \sum_{i=3}^{5} G\left(\frac{\lambda_i - 1}{2}\right) \tag{5-61}$$

其中，$G\left(\frac{\lambda_i - 1}{2}\right) = \left(\frac{\lambda_i + 1}{2}\right)\mathrm{lb}\left(\frac{\lambda_i + 1}{2}\right) - \left(\frac{\lambda_i - 1}{2}\right)\mathrm{lb}\left(\frac{\lambda_i - 1}{2}\right)$，$\lambda_{1,2}$ 是表征状态 ρ_{AA_1} 的协方差矩阵 γ_{AA_1} 的辛特征值，$\lambda_{3,4,5}$ 是表征接收机投影测量后状态 $\rho_{AFG}^{m_B}$ 的协方差矩阵 $\gamma_{AFG}^{m_B}$ 的辛特征值。要想计算 $\lambda_{1,2}$ 辛特征值，需要知道 γ_{AA_1} 协方差矩阵，其形式为

$$\gamma_{AA_1} = \begin{bmatrix} V \cdot \boldsymbol{I} & \sqrt{T(V^2-1)} \cdot \boldsymbol{\sigma}_z \\ \sqrt{T(V^2-1)} \cdot \boldsymbol{\sigma}_z & T(V+\chi_{line}) \cdot \boldsymbol{I} \end{bmatrix} \tag{5-62}$$

其中，$\boldsymbol{I} = \begin{pmatrix} 1 & 0 \\ 0 & -1 \end{pmatrix}$，$\boldsymbol{\sigma}_z = \begin{pmatrix} 1 & 0 \\ 0 & -1 \end{pmatrix}$。$\gamma_{AA_1}$ 仅取决于发射机和量子信道之间的系统，与接收机无关，因此零差检测和外差检测时的 $\lambda_{1,2}$ 表达式是相同的，为

$$\lambda_{1,2} = \frac{1}{2}\left(A \pm \sqrt{A^2 - 4B}\right) \tag{5-63}$$

式（5-63）中，A 和 B（A 和 B 只是为了简化计算式的表示形式，并无其他意义）的计算式分别为 $A = V^2(1-2T) + 2T + T^2(V + \chi_{\text{line}})^2$ 和 $B = T^2(V\chi_{\text{line}} + 1)^2$。

同上，要想计算 $\lambda_{3,4,5}$ 辛特征值，则仅需要知道 $\gamma_{\text{AFG}}^{m_{\text{B}}}$ 矩阵

$$\gamma_{\text{AFG}}^{m_{\text{B}}} = \gamma_{\text{AFG}} - \boldsymbol{\sigma}_{\text{AFGB}}^{\text{T}} \boldsymbol{H} \boldsymbol{\sigma}_{\text{AFGB}} \tag{5-64}$$

其中，$\boldsymbol{H}$ 为辛矩阵，零差检测和外差检测时的表达式分别为 $\boldsymbol{H}_{\text{hom}} = (\boldsymbol{X}\gamma_{\text{B}}\boldsymbol{X})^{\text{MP}}$、$\boldsymbol{H}_{\text{het}} = (\gamma_{\text{B}} + \boldsymbol{I\!I})^{-1}$ 且 $\boldsymbol{X} = \begin{pmatrix} 1 & 0 \\ 0 & 0 \end{pmatrix}$，MP 表示求逆。接收机的协方差矩阵 γ_{B}、发射机和探测端分束器的协方差矩阵 γ_{AFG} 以及发射机和接收机的泡利形式矩阵 $\boldsymbol{\sigma}_{\text{AFGB}}$ 可以由矩阵 γ_{AFGB} 分解得到，γ_{AFGB} 形式为

$$\gamma_{\text{AFGB}} = \begin{bmatrix} \gamma_{\text{AFG}} & \boldsymbol{\sigma}_{\text{AFGB}}^{\text{T}} \\ \boldsymbol{\sigma}_{\text{AFGB}} & \gamma_{\text{B}} \end{bmatrix} \tag{5-65}$$

γ_{AFGB} 又可以简化为

$$\gamma_{\text{AFGB}} = (\boldsymbol{Y}^{\text{BS}})^{\text{T}} \left(\gamma_{\text{AA}_1} \oplus \gamma_{\text{F}_0\text{G}}\right) \boldsymbol{Y}^{\text{BS}} \tag{5-66}$$

式中，$\gamma_{\text{F}_0\text{G}}$ 为表征检测器电子噪声方差为 v 的 EPR 纠缠态的协方差矩阵，其形式为

$$\gamma_{\text{F}_0\text{G}} = \begin{bmatrix} v \cdot \boldsymbol{I\!I} & \sqrt{(v^2-1)} \cdot \boldsymbol{\sigma}_{\text{z}} \\ \sqrt{(v^2-1)} \cdot \boldsymbol{\sigma}_{\text{z}} & v \cdot \boldsymbol{I\!I} \end{bmatrix} \tag{5-67}$$

$\boldsymbol{Y}^{\text{BS}}$ 描述了分束器的变换，计算式为

$$\boldsymbol{Y}^{\text{BS}} = \boldsymbol{I\!I}_{\text{A}} \oplus \boldsymbol{Y}_{\text{A}_2\text{F}_0}^{\text{BS}} \oplus \boldsymbol{I\!I}_{\text{G}} \tag{5-68}$$

其中，$\boldsymbol{Y}_{\text{A}_2\text{F}_0}^{\text{BS}} = \begin{bmatrix} \sqrt{\eta} \cdot \boldsymbol{I\!I} & \sqrt{1-\eta} \cdot \boldsymbol{I\!I} \\ -\sqrt{1-\eta} \cdot \boldsymbol{I\!I} & \sqrt{\eta} \cdot \boldsymbol{I\!I} \end{bmatrix}$。

由式（5-64）～式（5-68）可以推导出 $\lambda_5 = 1$，$\lambda_{3,4}$ 的计算式为

$$\lambda_{3,4}^2 = \frac{1}{2}\left(C \pm \sqrt{C^2 - 4D}\right) \tag{5-69}$$

当接收机采用零差检测时，式（5-69）中 C 和 D（C 和 D 只是为了简化计算式的表示形式，并无其他意义）分别表示为 C_{hom} 和 D_{hom}，其值分别为 $C_{\text{hom}}=\dfrac{A\chi_{\text{hom}}+V\sqrt{B}+T(V+\chi_{\text{line}})}{T(V+\chi_{\text{tot}})}$ 和 $D_{\text{hom}}=\sqrt{B}\dfrac{V+\sqrt{B}\chi_{\text{hom}}}{T(V+\chi_{\text{tot}})}$。

当接收机采用外差检测时，式（5-69）中的 C 和 D 分别表示为 C_{het} 和 D_{het}，其值分别为 $C_{\text{het}}=\dfrac{1}{\left[T(V+\chi_{\text{tot}})\right]^2}\{A\chi_{\text{het}}^2+B+1+2\chi_{\text{het}}[V\sqrt{B}+T(V+\chi_{\text{line}})]+2T(V^2-1)\}$ 和 $D_{\text{het}}=\left[\dfrac{V+\sqrt{B}\chi_{\text{het}}}{T(V+\chi_{\text{tot}})}\right]^2$。

（2）系统受到个体攻击时，我们将密钥率计算式定义为

$$K=(1-P)(\beta I_{\text{AB}}-I_{\text{BE}}) \tag{5-70}$$

其中，I_{AB} 具有与受到集体攻击时零差检测和外差检测相同的表达式。I_{BE} 表示采用个体攻击时，窃听者从接收机所能获得的信息量上限，即香农极限。

当接收机采用零差检测时，I_{BE} 的计算式为

$$I_{\text{BE}}^{\text{hom}}=\frac{1}{2}\text{lb}\left[\frac{T^2(V+\chi_{\text{tot}})(1/V+\chi_{\text{line}})}{1+T\chi_{\text{hom}}(1/V+\chi_{\text{line}})}\right] \tag{5-71}$$

当接收机采用外差检测时，I_{BE} 的计算式为

$$I_{\text{BE}}^{\text{het}}=\text{lb}\left[\frac{T(V+\chi_{\text{tot}})(V+x_{\text{E}})}{Vx_{\text{E}}+1+\chi_{\text{het}}(V+x_{\text{E}})}\right] \tag{5-72}$$

其中，x_{E} 只是为了简化计算式的表示形式，并无其他意义，$x_{\text{E}}=\dfrac{T(2-\varepsilon)^2}{(\sqrt{2-2T+T\varepsilon}+\sqrt{\varepsilon})^2}+1$。

由式（5-57）～式（5-72）可以看出，当系统受到不同的攻击以及接收机采用不同的检测方法时，自由空间连续变量量子密钥分发系统通信性能都会受

到中断概率 P、反向协调效率 β、发射机与接收机之间的互信息量 I_{AB} 以及窃听者从接收机处获得的信息量 χ_{BE} 和 I_{BE} 的影响。其中，中断概率 P 与由大气湍流引起的到达角波动有关，其可以由波束跟踪系统来改善。I_{AB}、I_{BE} 以及 χ_{BE} 都随大气吸收和散射引起的透射率及大气湍流引起的额外噪声的变化而变化。由此可以看出，大气效应对自由空间连续变量量子密钥分发系统有很大影响。下面针对水平传输场景，详细介绍大气效应产生影响的具体原因及影响效果。

5.2.2 透射率

大气透射率的计算式[17]为

$$T_{\text{ext}}(L) = \exp\left[-\alpha(\lambda)L\right] \tag{5-73}$$

其中，L 为传输距离 $\alpha(\lambda) = \alpha_{\text{sca}}^{\text{aer}}(\lambda) + \alpha_{\text{abs}}^{\text{aer}}(\lambda) + \alpha_{\text{sca}}^{\text{mol}}(\lambda) + \alpha_{\text{abs}}^{\text{mol}}(\lambda)$ 为大气总衰减系数，$\alpha_{\text{sca}}^{\text{aer}}(\lambda)$、$\alpha_{\text{abs}}^{\text{aer}}(\lambda)$、$\alpha_{\text{sca}}^{\text{mol}}(\lambda)$、$\alpha_{\text{abs}}^{\text{mol}}(\lambda)$ 依次为气溶胶散射系数、气溶胶吸收系数、气体分子散射系数、气体分子吸收系数。根据前文所述，大气总衰减系数近似于气溶胶散射系数，即 $\alpha(\lambda) = \alpha_{\text{sca}}^{\text{aer}}(\lambda)$。针对晴朗天气和雾霾天气，不同波长光量子信号的大气衰减系数和透射率随能见度变化的情况分别如图 5-32 和图 5-33 所示。

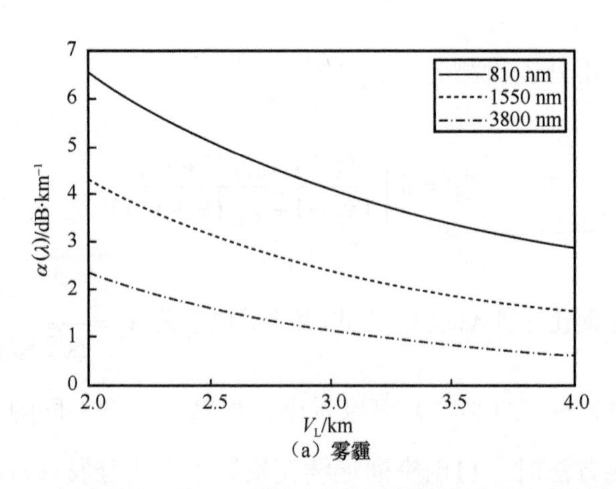

（a）雾霾

图 5-32　不同波长光量子信号的大气衰减系数随能见度变化的情况

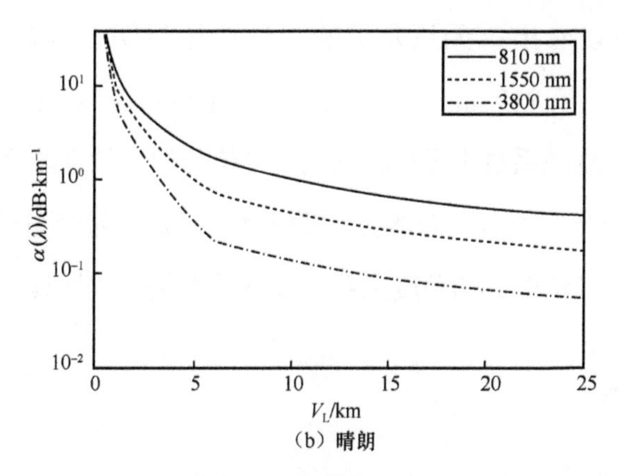

（b）晴朗

图 5-32 不同波长光量子信号的大气衰减系数随能见度变化的情况（续）

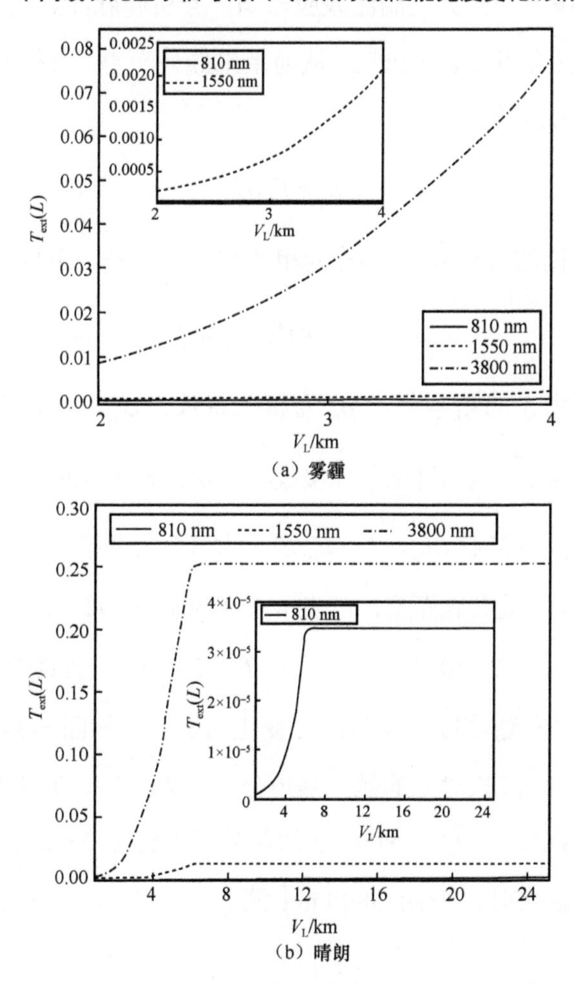

（a）雾霾

（b）晴朗

图 5-33 不同波长光量子信号的大气透射率随能见度变化的情况

从图 5-32 可以看出，无论是雾霾天气还是晴朗天气，在相同能见度下 3800 nm、1550 nm 和 810 nm 波长光量子信号间的衰减差异十分明显，长波长光量子信号的大气衰减系数小于短波长光量子信号的大气衰减系数。由图 5-33 也可以看出，长波长光量子信号的透射率要远远大于短波长光量子信号的透射率。因此，从大气衰减（透射）的角度来看，长波长光量子信号具有一定优势。

5.2.3 额外噪声

光脉冲在时域上受到大气湍流效应影响，会引起脉冲到达时间波动，而脉冲到达时间波动又会引起相位波动，从而带来额外噪声。当相位波动足够小时，额外噪声可以表示为[18]

$$\varepsilon_{\theta} = V_{\mathrm{A}}\sigma_{\theta}^{2} \tag{5-74}$$

其中，V_{A} 是发射机的调制方差，σ_{θ}^{2} 为相位波动的方差，可以将 σ_{θ}^{2} 定义为

$$\sigma_{\theta}^{2} = 2\omega^{2}(1-\rho_{\mathrm{ta}})\sigma_{\mathrm{ta}}^{2} \tag{5-75}$$

式中，$\omega = 2\pi/\lambda$ 为光的角频率，ρ_{ta} 为相关系数，$\sigma_{\mathrm{ta}}^{2} = T_{1}^{2}/4$ 是到达时间的轴上方差。$T_{1} = \sqrt{T_{0}^{\ 2} + 8a_{1}}$ 为脉冲信号在接收机处发生展宽后的半宽估计值，T_{0} 是输入脉冲半宽值。$a_{1} = 0.39C_{n}^{2}LL_{0}^{5/3}c^{-2}$，$C_{n}^{2}$ 表示大气折射率结构常数（在水平传输场景下其值为常数），L 是传输距离，L_{0} 表示大气湍流外尺度，c 表示光速。

设参数为 $\rho_{\mathrm{ta}} = 1-2\times10^{-14}$、$V_{\mathrm{A}} = 10$、$T_{0} = 5\times10^{-8}$，仿真得到了不同波长光量子信号的额外噪声随高度 h 和距离 L 变化的情况，如图 5-34 所示。810 nm、1550 nm 和 3800 nm 波长对应的额外噪声分别约为 0.15、0.04 和 6.83×10^{-3}（单位为散粒噪声，SNU），其中 3800 nm 的额外噪声比 810 nm 低，也就是说，只考虑额外噪声的影响时，使用 3800 nm 波长比使用 810 nm 波长可以获得更高的安全密钥率。

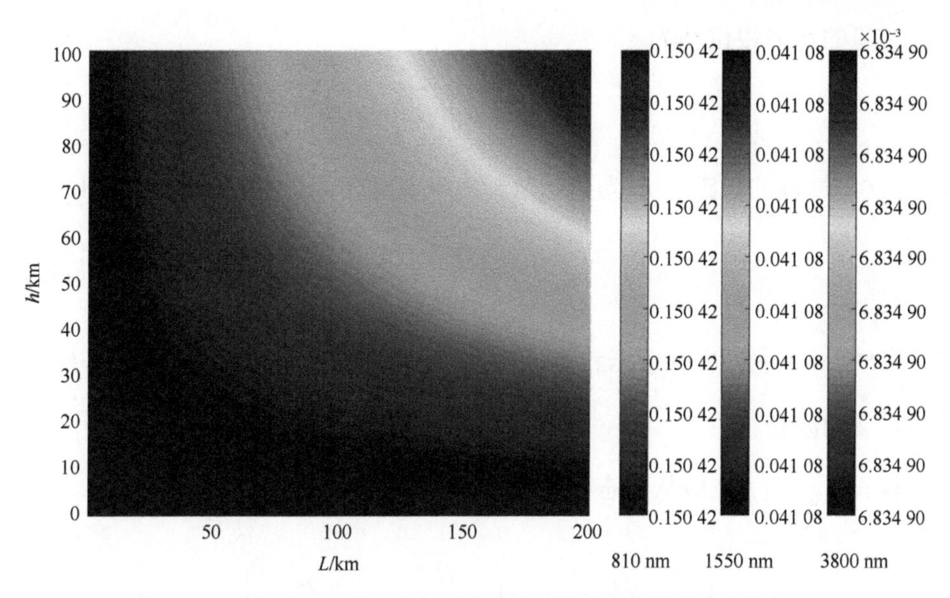

图 5-34　不同波长光量子信号的额外噪声随高度和距离变化的情况

5.2.4　中断概率

如前文所述，大气湍流会引起光束到达角起伏，从而导致焦平面上所呈光斑发生随机抖动。当到达角起伏过大时，会造成焦平面上的光斑不在接收孔径内，从而引发通信中断，如图 5-35 所示。

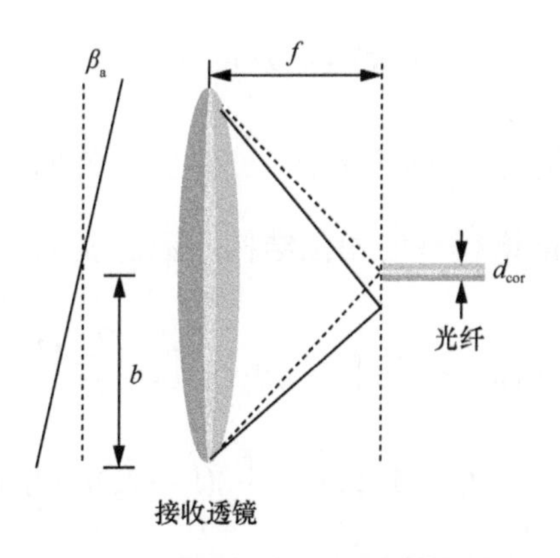

图 5-35　到达角波动引发的通信中断

透镜的均方根位移为

$$L_{\text{dis}} = f\sqrt{\left\langle \beta_{\text{a}}^2 \right\rangle} \tag{5-76}$$

其中，f 为透镜的焦距，β_{a} 为到达角。光学上对到达角方差的定义为[19]

$$\left\langle \beta_{\text{a}}^2 \right\rangle = \frac{D(2b,L)}{(2kb)^2} \tag{5-77}$$

式（5-77）中，$D(2b,L)$ 表示相位结构函数，b 是接收透镜半径，$k = 2\pi/\lambda$ 为光波数，λ 为波长。

假设 L_{dis} 和 $\left\langle \beta_a^2 \right\rangle$ 服从正态分布，则中断概率可以表示为

$$P = 1 - \int_{-d_{\text{cor}}/2}^{d_{\text{cor}}/2} \frac{1}{\sqrt{2\pi f^2 \left\langle \beta_{\text{a}}^2 \right\rangle}} \exp\left(\frac{-l^2}{2f^2 \left\langle \beta_{\text{a}}^2 \right\rangle} \right) \mathrm{d}l \tag{5-78}$$

其中，d_{cor} 为光纤直径。

由式（5-77）和式（5-78）可知，中断概率 P 与大气湍流相位结构函数有关。下面利用研究大气湍流时常用的 Kolmogorov 谱模型，推导中断概率的计算式[20]。

Kolmogorov 谱模型的表达式为

$$\Phi_n(\kappa) = 0.033 C_n^2 \kappa^{-11/3} \tag{5-79}$$

式中，C_n^2 是大气湍流的折射率结构常数，κ 是空间角频率。

将基于 Kolmogorov 谱模型的相位结构函数定义为

$$\begin{gathered} D(2b,L) = 8\pi^2 k^2 L \int_0^1 \int_0^\infty \kappa \Phi_n(\kappa) \exp\left(\frac{-\Lambda L \kappa^2 \xi^2}{k} \right) \times \\ \left\{ I_0(2\Lambda b \xi \kappa) - J_0\left[2(1-\bar{\Theta}\xi)\kappa b \right] \right\} \mathrm{d}\kappa \mathrm{d}\xi \end{gathered} \tag{5-80}$$

其中，ξ 是与接收端光斑的有效半径相关的参数，$\bar{\Theta} = -L/F$ 和 $\Lambda = 2L/kW^2$ 表示

无量纲输出平面光束参数。$\bar{\Theta}$ 计算式中的 $F = L\left(1+(\pi W_0^2/\lambda L)\right)$ 为相前曲率半径，其中的 W_0 为发射机光束半径。Λ 计算式中的 W 为接收机的光束半径，其可以表示为

$$W = W_0\sqrt{1+\left(\lambda L/\pi W_0^2\right)^2} \tag{5-81}$$

为了简化计算，将式（5-80）变为

$$D(2b,L) = d(2b,L) + 4\sigma_r^2(2b,L) \tag{5-82}$$

其中

$$\begin{aligned} d(2b,L) = 8\pi^2 k^2 L\int_0^1\int_0^\infty \kappa\Phi_n(\kappa)\exp\left(\frac{-\Lambda L\kappa^2\xi^2}{k}\right) \\ \times\left\{1-J_0\left[2(1-\bar{\Theta}\xi)\kappa b\right]\right\}\mathrm{d}\kappa\mathrm{d}\xi \end{aligned} \tag{5-83}$$

$$\begin{aligned} \sigma_r^2(2b,L) = 2\pi^2 k^2 L\int_0^1\int_0^\infty \kappa\Phi_n(\kappa)\exp\left(\frac{-\Lambda L\kappa^2\xi^2}{k}\right) \\ \times\left[I_0(2\Lambda b\xi\kappa)-1\right]\mathrm{d}\kappa\mathrm{d}\xi \end{aligned} \tag{5-84}$$

式（5-83）和式（5-84）可以用合流超几何函数 ${}_1F_1(\cdot)$ 表示

$$\begin{aligned} d(2b,L) = 8.71C_n^2 k^{7/6} L^{11/6}\Lambda^{5/6}\int_0^1 \xi^{5/3} \\ \times\left\{{}_1F_1\left[-\frac{5}{6};1;-\frac{-(1-\bar{\Theta}\xi)^2 R^2}{4\Lambda\xi^2}\right]-1\right\}\mathrm{d}\xi \end{aligned} \tag{5-85}$$

其中，$R^2 = 4kb^2/L$。

$$\sigma_r^2(2b,L) = 0.816C_n^2 k^{7/6} L^{11/6}\Lambda^{5/6}\left[1-{}_1F_1\left(-\frac{5}{6};1;\frac{2b^2}{W^2}\right)\right] \tag{5-86}$$

基于 Kolmogorov 谱模型，计算出不同波长光量子信号的中断概率 P 随距离 L 变化的情况，如图 5-36 所示。从图 5-36 中可以看出，810 nm、1550 nm 和 3800 nm 波长的中断概率是传输距离的单调递增函数。虽然 810 nm 短波长的中断概率小于 3800 nm 长波长的中断概率，但两者之间的差别很小。如果只考虑中断概率对安全密钥率的影响，则波长越短越好。然而，如果同时考虑透射率和过量噪声，则短波长可能不是最佳选择。因此，有必要综合分析不同波长对自由空间连续变量量子密钥分发系统性能的影响。

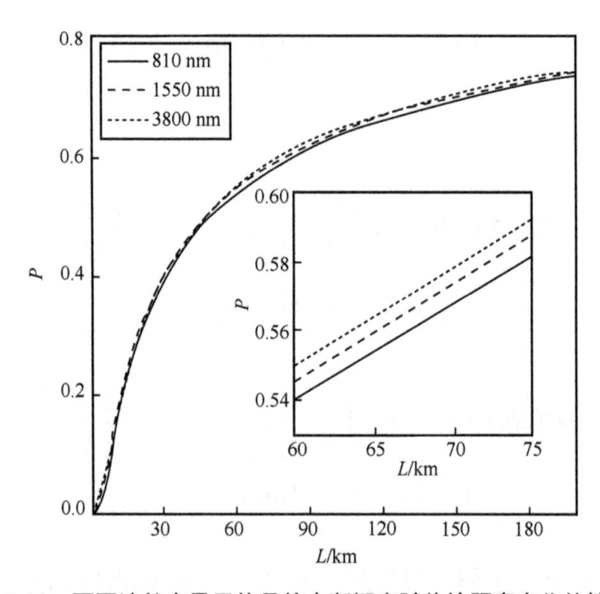

图 5-36　不同波长光量子信号的中断概率随传输距离变化的情况

5.2.5　大气效应对系统性能的影响

本小节探讨不同波长光量子信号的中断概率 P、透射率 T、过量噪声 ε 对连续变量量子密钥分发系统性能的影响，并在不同天气下对结果进行验证。基于建立的连续变量量子密钥分发系统信道模型，分别计算在受到个体攻击和集体攻击时，接收机采用零差检测和外差检测，连续变量量子密钥分发系统的安全密钥率。不同波长光量子信号的安全密钥率的计算参数如表 5-4 所示。

表 5-4　不同波长光量子信号的安全密钥率的计算参数

符号参数	参数名称	数值
λ	光波长	810 nm、1550 nm、3800 nm
d_{cor}	光纤直径	9 μm
W_0	发射机光束半径	80 mm
b	接收镜半径	110 mm
v_{el}	电子噪声	0.01 SNU
V_A	调制方差	10
β	反向协调效率	90%
η	检测效率	60%
V_{L1}	能见度（晴朗）	23 km
V_{L2}	能见度（雾霾）	4 km

图 5-37（a）和图 5-37（b）分别表示在受到个体攻击和集体攻击时，不同波长光量子信号的安全密钥率（SKR）随传输距离变化的情况。

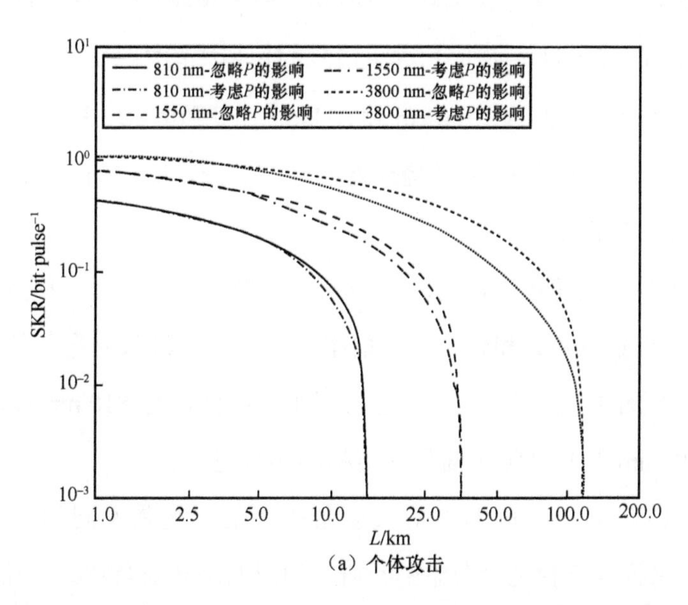

（a）个体攻击

图 5-37　零差检测时不同波长光量子信号的安全密钥率随传输距离变化的情况（晴朗）

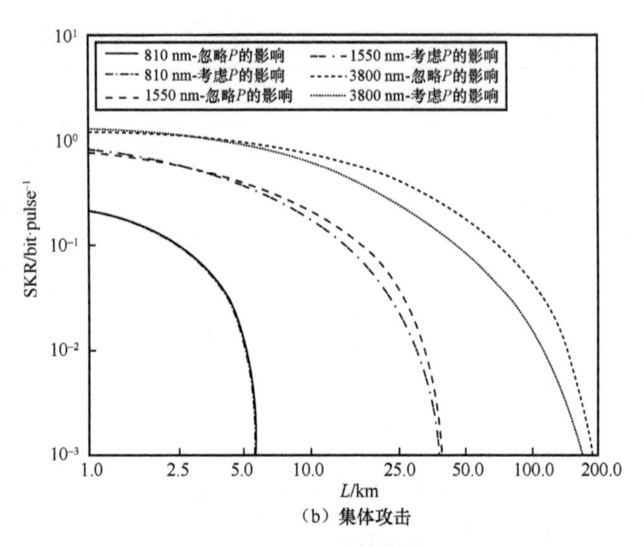

（b）集体攻击

图 5-37　零差检测时不同波长光量子信号的安全密钥率随传输距离变化的情况（晴朗）（续）

从图 5-37 中，我们可以得到以下几个结论。

① 在受到个体攻击和集体攻击时，3 种不同的波长光量子信号的安全密钥率是关于传输距离的单调递减函数。在获得相同的安全密钥率时，采用 3800 nm 波长的传输距离最远。例如，在受到个体攻击、零差检测情况下，当安全密钥率为 10^{-3} bit/pluse 时，3800 nm 波长光量子信号的传播距离为 115 km，比 810 nm 和 1550 nm 的传播距离分别长约 100 km 和 80 km。在受到集体攻击、零差检测的情况下，3800 nm 波长光量子信号的传播距离达到 190 km，比 810 nm 和 1550 nm 分别长约 184 km 和 150 km。

由前面的分析结论可知，与较短波长的光量子信号相比，长波长光量子信号具有较小的过量噪声 ε 和较大的透射率 T。尽管长波长光量子信号的中断概率 P 高于短波长的，但它们之间的差异很小。因此，与 810 nm 和 1550 nm 波长相比，3800 nm 波长光量子信号的传播距离要远很多。

② 不同波长的中断概率 P 对安全密钥率的影响是不同的。例如，对于 810 nm 信号来说，不管是否考虑中断概率的影响，其安全密钥率几乎相同。因此，当系统采用短波长光量子信号通信时，理论上可以忽略中断概率的影响。但

是，随着波长的增加，中断概率的影响将不可忽视。以 3800 nm 波长为例，从图 5-37 中我们可以清楚地看到，当不考虑 P 时并不能准确估计可实现的传输距离。实际中为了克服中断概率对安全密钥率的影响，在系统中可以使用光束跟踪技术。

图 5-38 所示是外差检测时不同波长光量子信号的安全密钥率随传输距离变化的情况。

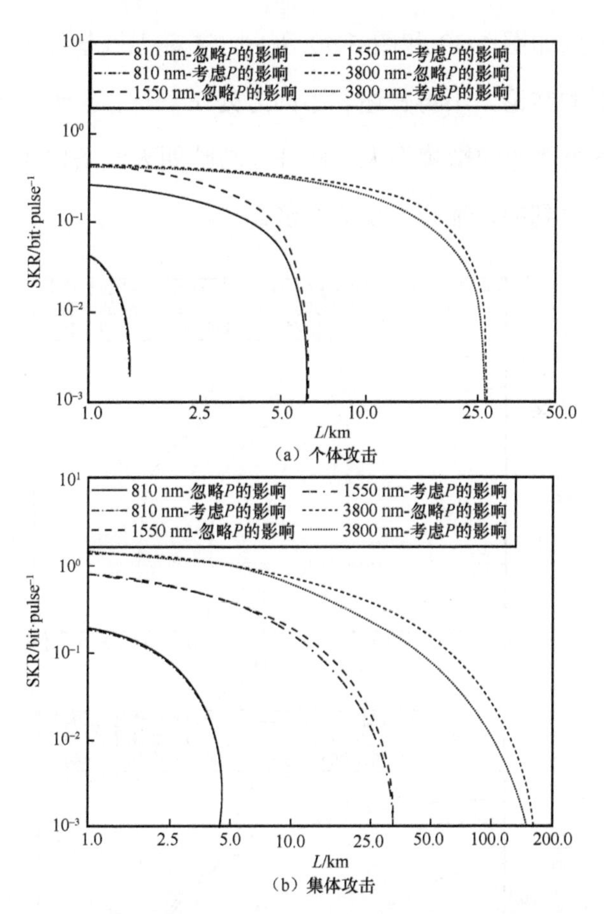

图 5-38　外差检测时不同波长光量子信号的安全密钥率随传输距离变化的情况（晴朗）

由图 5-38 可知，接收机采用外差检测时可以得到与图 5-37 相同的结论，即不同波长光量子信号的安全密钥率也是传输距离的单调递减函数。同样地，当达到同一密钥率时，3800 nm 波长光量子信号与 1550 nm 和 810 nm 波长光量子信号相比可以传输更远的距离。外差检测时中断概率 P、透射率 T 和过量噪

声 ε 对安全密钥率的影响与零差检测时的情况类似，在此不再赘述。

将图 5-38 与图 5-37 进行对比可知，在相同波长条件下，无论窃听者进行集体攻击还是个体攻击，采用零差检测方式都可以传输更远的距离。

为了验证上述分析方法和结论也适用于其他天气情况，在此对雾霾天气下自由空间连续变量量子密钥分发系统的安全密钥率进行计算，零差检测和外差检测时的结果分别如图 5-39 和图 5-40 所示。雾霾天气条件下可以得到与晴朗天气条件下类似的结论，不再赘述。不同之处在于，雾霾天气条件下中断概率 P 对量子通信系统性能的影响不大。此外，与晴朗天气条件相比，雾霾天气条件下量子信号可达到的传输距离要短得多。

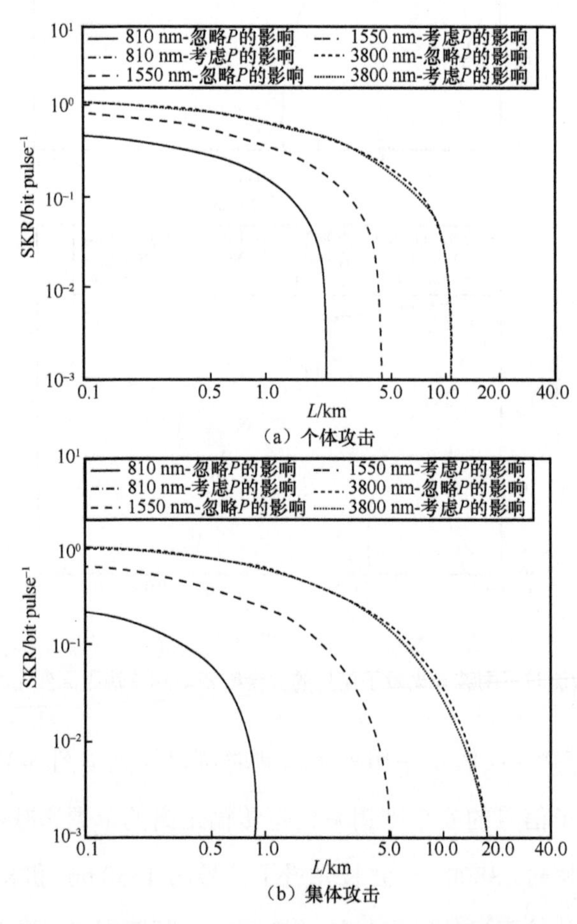

图 5-39 零差检测时不同波长光量子信号的安全密钥率随传输距离变化的情况（雾霾）

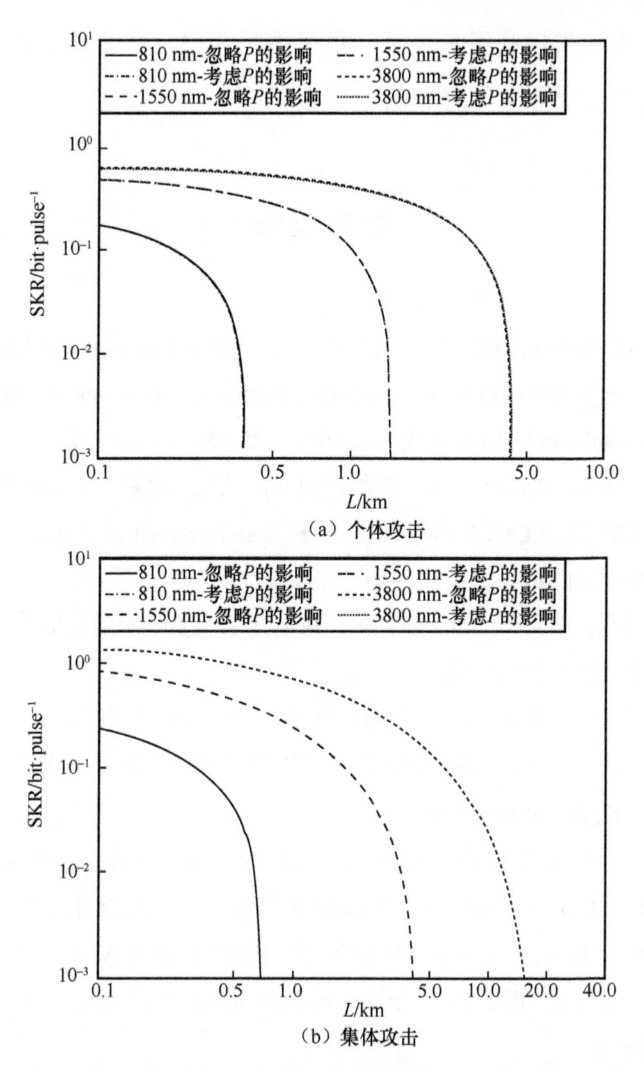

图 5-40　外差检测时不同波长光量子信号的安全密钥率随传输距离变化的情况（雾霾）

5.3　本章小结

本章分别针对自由空间离散变量量子密钥分发系统和连续变量量子密钥分发系统，介绍了大气效应等因素对系统性能的影响，探讨了自由空间量子密钥分发系统的波长选择问题。从背景光噪声和大气效应的影响角度出发，采用长波长光量子信号具有很大的性能优势。但长波长光量子信号的孔径耦合效率较低，因此实际中如果想利用长波长光量子信号获得良好的量子通信性能，就需要采取相关技术以提高其孔径耦合效率。

参考文献

[1] JIANG D, ZHANG P, DENG K, et al. The atmospheric refraction and beam wander influence on the acquisition of LEO-Ground optical communication link[J]. Optik-International Journal for Light and Electron Optics, 2014, 125(15): 3986-3990.

[2] 吴锡真, 李祝霞, 陈师平, 译. 物理手册[M]. 北京: 北京大学出版社, 2007.

[3] VASYLYEV D, VOGEL W, MOLL F. Satellite-mediated quantum atmospheric links[J]. Physical Review A, 2019, 99(5): 053830.

[4] 张光宇, 马晶, 谭立英, 等. 基于基模高斯光束的单光子捕获概率研究[J]. 激光技术, 2005, 29(5): 522-524, 527.

[5] 谭丽英, 马晶. 卫星光通信技术[M]. 北京: 科学出版社, 2004.

[6] 张光宇, 于思源, 马晶, 等. 背景光对星地量子密钥分配量子误码率的影响[J]. 光电工程, 2007, 34(2): 126-129.

[7] MIAO E L, HAN Z F, GONG S S, et al. Background noise of satellite-to-ground quantum key distribution[J]. New Journal of Physics, 2005, 7(1): 1-8.

[8] GRUNEISEN M T, FLANAGAN M B, SICKMILLER B A, et al. Modeling daytime sky access for a satellite quantum key distribution downlink[J]. Optics Express, 2015, 23(18): 23924.

[9] SCHMIDT J D. Numerical Simulation of Optical Wave Propagation: with Examples in MATLAB[M]. Washington: SPIE Press, 2010: 159-160.

[10] HEMMATI H. Near-earth laser communications[M]. Boca Raton FL: CRC Press, 2009: 309-320.

[11] 李宏欣, 贺炎, 张书铁, 等. 卫星通信中的诱骗态量子密钥分发误码率分析[J]. 信息工程大学学报, 2019, 20(4): 390-396.

[12] WANG S Y, HUANG P, WANG T, et al. Atmospheric effects on continuous-variable quantum key distribution[J]. New Journal of Physics, 2018, 20(8): 2-10.

[13] JEROME L, PHILIPPE G. Tight bound on the coherent-state quantum key distribution

with heterodyne detection[J]. Physical Review A, 2007, 76(2): 22332.

[14] DJORDJEVIC I B. On the Photon Subtraction-Based Measurement-Device-Independent CV-QKD Protocols[J]. IEEE Access, 2019, 5: 147399-147405.

[15] FOSSIER S, DIAMANTI E, DEBUISSCHERT T, et al. Improvement of continuous-variable quantum key distribution systems by using optical preamplifiers[J]. Journal of Physics B, 2009, 42(11): 114014.

[16] RAÚL, GARCÍA-PATRÓN, NICOLAS, et al. Unconditional Optimality of Gaussian Attacks against Continuous-Variable Quantum Key Distribution[J]. Physical Review Letters, 2006, 97(19): 190503.

[17] RICKLIN J C, HAMMEL S M, EATON F D, et al. Atmospheric channel effects on free-space laser communication[J]. Journal of Optical and Fiber Communication Report, 2006, 3(2): 111-158.

[18] QI B, LOUGOVSKI P, POOSER R, et al. Generating the Local Oscillator "Locally" in Continuous-Variable Quantum Key Distribution Based on Coherent Detection[J]. Physical Review X, 2015, 5(4): 041009.

[19] ANDREWS L C, PHILLIPS R L. Laser Beam Propagation through Random Media, Second Edition[M]. Washington: SPIE Press. 2005: 199-201.

[20] LIU T, ZHAO S, DJORDJEVIC I B, et al. Analysis of atmospheric effects on the continuous variable quantum key distribution[J]. Chinese Physics B, 2022, 31: 110303.

第6章

天气条件对量子密钥分发系统性能的影响

在自由空间量子密钥分发过程中，量子态不可避免地会受到雨、雪和雾霾等天气因素的影响，造成通信系统性能严重下降。本章在第5章的基础之上，以连续变量量子密钥分发系统为例，详细介绍在上述3种常见天气条件下，采用不同波长光量子信号时系统的安全密钥率受到的影响。

6.1 不同天气条件下的大气能见度

根据2.2节的内容可知，大气衰减与大气的能见度有关，下面介绍降雪、降雨和雾霾3种常见天气条件下大气能见度的计算方法。

6.1.1 降雪天气的大气能见度

在降雪天气条件下，大气能见度与降雪类型和强度有关。随着降雪强度的增加，大气能见度降低，但不同的降雪类型下大气能见度降低的程度不同。根据我

国秦皇岛山海关地区（北方地区）和南京市（南方地区）的实际降雪测量情况可知[1]，大气能见度和降雪强度的关系为

$$V = \frac{1.4076ecg\Gamma(f+d+h+m+1)\Lambda_1^{(b-f-d-h)}}{2aS\Gamma(b+m+1)} \tag{6-1}$$

式（6-1）中，V 是能见度；m 是形状因子；参数 $a=\pi/4$ 和 $b=2$ 是与干雪横截面积相关的参数；$c=\pi/6$ 和 d=3 是与干雪体积相关的参数；e=0.017 和 f=−1 是与干雪密度相关的参数；g=107 和 h=0.2 是与干雪下降末速度相关的参数；S 为降雪强度；$\Gamma(\ )$ 是 Gamma 函数；Λ_1 是一个与降雪强度 S 有关的参量，$\Lambda_1 = 25.5S^{-0.48}$。

由式（6-1）可以看出，降雪强度的增加会造成大气能见度的降低，并进而影响大气衰减系数。根据式（2-21）～式（2-23）和式（6-1），可计算出 810nm、1550 nm 和 3800 nm 这 3 种波长光量子信号对应的大气衰减系数与降雪强度的关系，如图 6-1 所示。由图 6-1 可知，采用不同波长光量子信号时衰减系数均随降雪强度的增加而增加，并最终趋于一致。当降雪强度较弱时，长波长光量子信号受到的衰减作用较小。

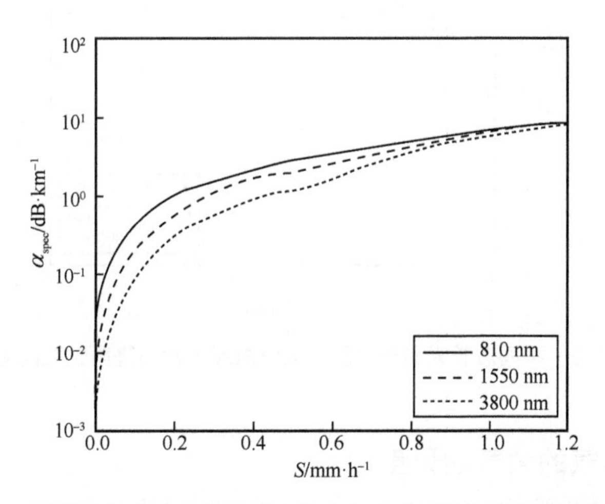

图 6-1　不同波长光量子信号对应的大气衰减系数与降雪强度的关系

6.1.2 降雨天气的大气能见度

降水粒子对大气衰减系数和能见度也存在不同程度的影响，由南京市的降雨观测记录可知，Gamma 分布能够拟合大部分情况的降水，因此可以选用 Gamma 分布函数表示实际的降雨谱分布。此时，降雨强度与大气能见度V的关系为[2]

$$V=\frac{13.76\times\Gamma(m+5)}{R^2\Lambda_2^{\,2}\Gamma(m+3)} \tag{6-2}$$

式（6-2）中，m为形状因子，R为降雨强度，$\Lambda_2=4.1R^{-0.21}$为尺度参数，$\Gamma()$为 Gamma 分布函数。

利用式（2-21）～式（2-23）和式（6-2）仿真得到不同波长光量子信号的大气衰减系数与降雨强度的关系，如图 6-2 所示。与降雪类似，不同波长光量子信号的大气衰减系数也均随降雨强度的增加而增加，并最终趋于一致，且降雨强度较弱时，长波长光量子信号受到降雨衰减作用的影响较小。

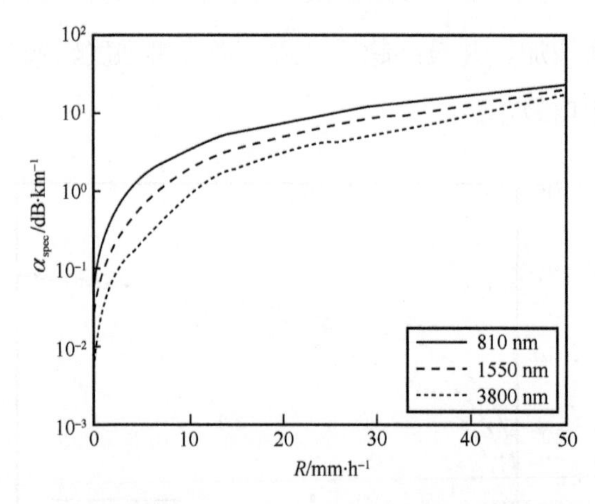

图 6-2 不同波长光量子信号的大气衰减系数与降雨强度的关系

6.1.3 雾霾天气的大气能见度

近年来，雾霾天气频繁出现，因此其对自由空间量子密钥分发系统性能的影响不容忽视。雾霾由悬浮在大气中的 $PM_{2.5}$ 微粒、粉尘、气溶胶等粒子在一定湿度和温度的情况下混合而成[3]。假设雾霾粒子成分相同，且颗粒物形状为规则球体，此时可将雾霾作为整体对待，得到大气能见度 V 与雾霾粒子浓度 N 的关系[4]

$$V=\left(\frac{15.29}{\sum_{i}\pi D_{\mathrm{p,i}}^{2}Q_{\mathrm{ext,i}}}\right)\frac{1}{N} \tag{6-3}$$

式（6-3）中，$D_{\mathrm{p,i}}$ 是雾霾粒子的直径；N 是雾霾粒子的浓度；$Q_{\mathrm{ext,i}}$ 表示消光率，i 表示 i 粒子半径段。利用式（2-21）～式（2-23）和式（6-3）仿真得到不同波长光量子信号的大气衰减系数与雾霾粒子浓度的关系，如图 6-3 所示。

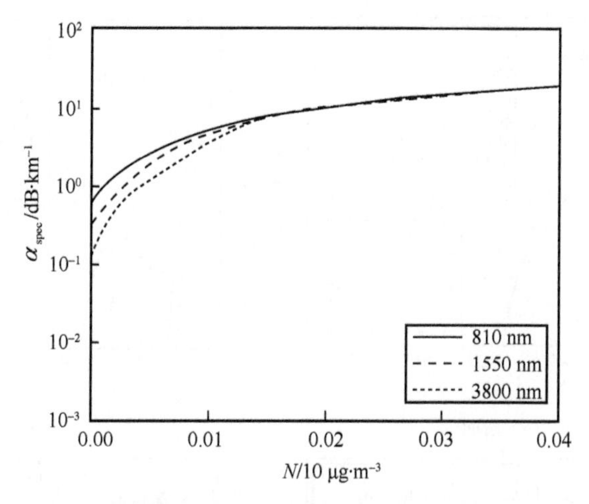

图 6-3　不同波长光量子信号的大气衰减系数与雾霾粒子浓度的关系

由图 6-3 可知，与降雪和降雨天气条件相比，虽然不同波长光量子信号的大气衰减系数也均随雾霾粒子浓度的增加而增加，但 3 种波长光量子信号的大气衰减系数之间的间隔与降雪和降雨天气条件相比小了很多。并且当雾霾粒子浓度达到 $N>0.015\times10\ \mu\mathrm{g/m^3}$ 后，不同波长光量子信号的衰减程度基本一致，即此时波长变化不再影响大气衰减系数。

下面针对晴天、降雪、降雨和雾霾天气，计算自由空间连续变量量子密钥分发系统在遭受个体攻击和集体攻击，接收机分别采用零差检测和外差检测技术时系统的安全密钥率特性。相关参数：调制方差 $V_A = 18.9$，额外噪声 $\varepsilon = 0.01$，电子噪声 $\nu_{el} = 0.01$，检测效率 $\eta = 0.6$，反向协调效率 $\beta = 0.9$。

6.2 降雪对系统性能的影响

在本节的分析过程中，采用 3 种降雪强度（设晴朗天气降雪强度为 0），S 为 0.3 mm/h、0.7 mm/h 和 1.1 mm/h，分别对应天气等级为小雪、中雪和大雪，仿真得到不同波长光量子信号的安全密钥率与传输距离的关系，结果如图 6-4 所示。

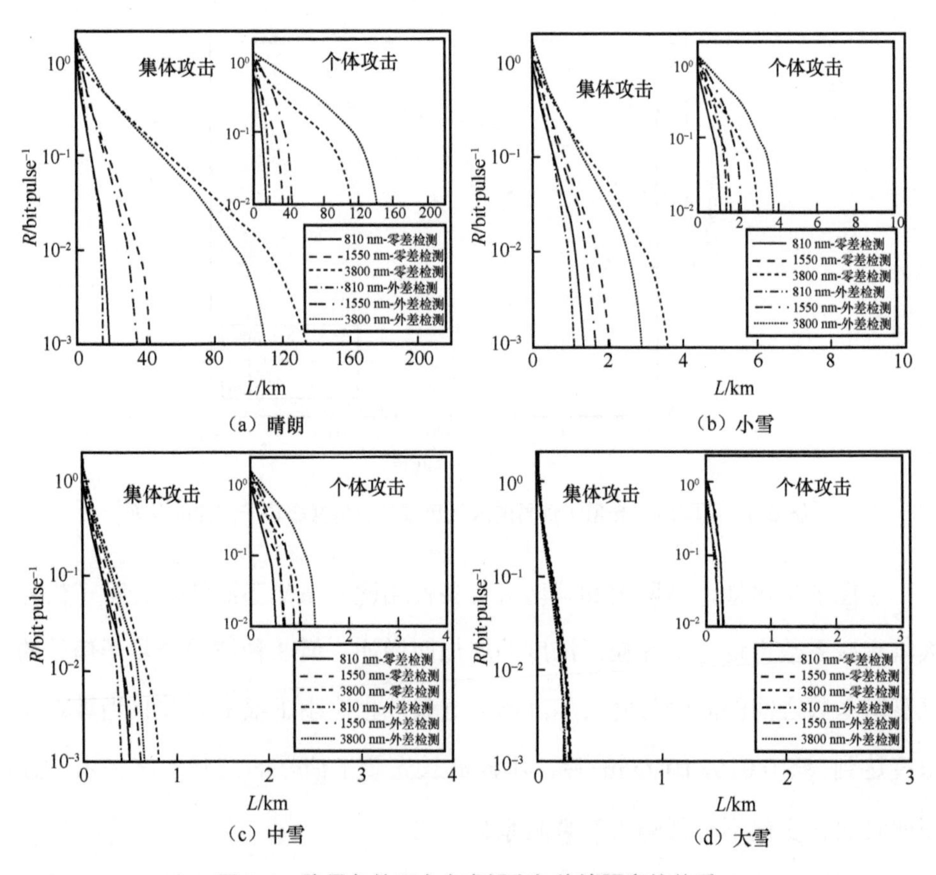

图 6-4 降雪条件下安全密钥率与传输距离的关系

由图 6-4，我们可以得出以下结论。

① 当传输距离相同时，随着降雪强度的增加，安全密钥率越来越低。

② 在得到相同的安全密钥率的条件下，长波长光量子信号的传输距离比短波长光量子信号的远，但随着降雪强度的增加，长波长光量子信号传输距离的优势越来越不明显。当达到大雪等级时，3 种波长对应的安全密钥率曲线出现了重合，即波长的变化不再对安全密钥率有影响。

③ 在受到个体攻击的条件下，接收机采用外差检测时，信号可以传输更远的距离，但随着降雪强度的增加，采用 2 种检测的差距越来越小。

④ 在受到集体攻击的条件下，当传输距离较短，采用 810 nm 和 1550 nm 波长光量子信号时，使用零差检测可以得到与外差检测几乎相同的安全密钥率，但采用 3800 nm 波长光量子信号时，使用外差检测的安全密钥率却比零差检测的好；当传输距离较远时，对 3 种波长光量子信号进行零差检测所得的安全密钥率均比采用外差检测得到的高。

由上述分析可知，要想获得较好的安全密钥率或传输较长的距离，实际推荐采用较长波长光量子信号；在面对不同的攻击类型时，并不是采用外差检测均可获得较高的安全密钥率。这些结论可以为实际的自由空间量子密钥分发系统的设计提供一定的技术参考。

6.3　降雨对系统性能的影响

下面我们将降雨分为小雨、中雨和大雨 3 个等级，降雨强度（设晴朗天气降雨强度为 0）因子 R 分别取 2.5 mm/h、7.5 mm/h 和 15 mm/h，仿真得到不同波长光量子信号的安全密钥率与传输距离之间的关系，结果如图 6-5 所示。

与降雪情况类似，由图 6-5 可知，在降雨天气条件下，长波长光量子信号与短波长光量子信号相比，在传输相同距离时可以获得更高的安全密钥率，或者在获得相同安全密钥率时可以传输更远的距离，但随着降雨强度的增强，长波长光量子信号的优势将越来越不明显。此外，不同的攻击类型和接收机采用不同的检测方式对 3 种不同波长光量子信号的安全密钥率的影响也与降雪天气情况类似，在此不再重复。不同之处在于，对于同样的天气等级（如小雪和小雨），降雨天气下量子信号的传输距离比降雪天气下要远很多。

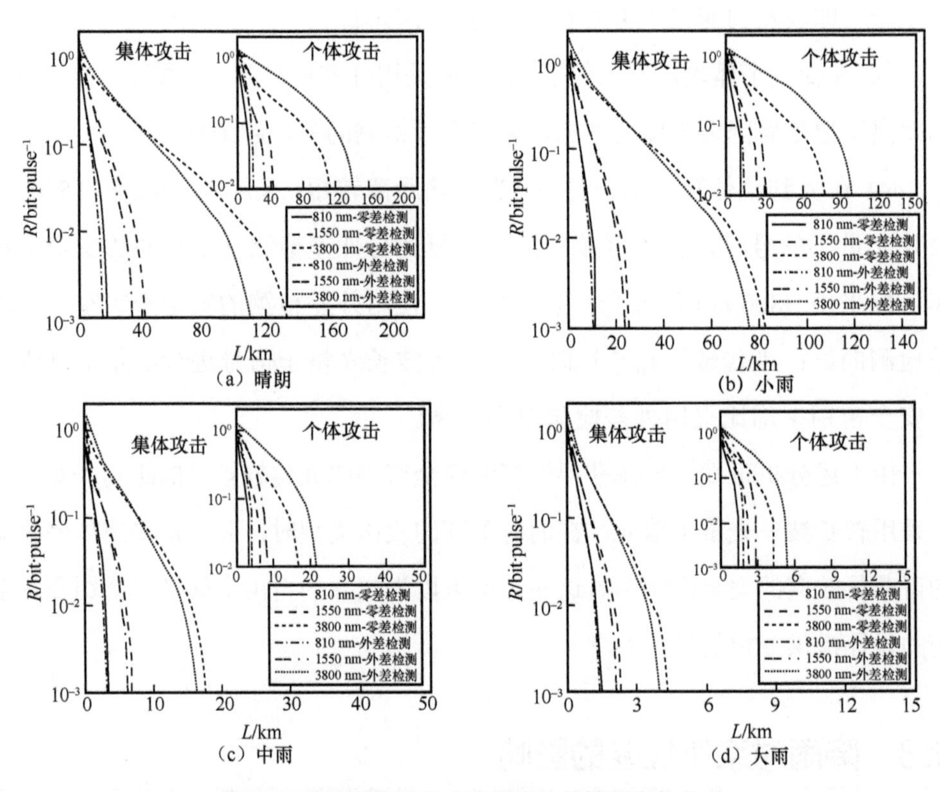

图 6-5　降雨条件下安全密钥率与传输距离的关系

6.4　雾霾对系统性能的影响

按照雾霾浓度的不同，我们将雾霾天气分为轻度雾霾（$2\,\text{km} \leqslant V < 3\,\text{km}$）、中度雾霾（$1\,\text{km} \leqslant V < 2\,\text{km}$）、重度雾霾（$V < 1\,\text{km}$）3 个等级（设晴朗天气等级为 0），这 3 个等级 V 分别取 2.5 km、1.5 km 和 0.5 km。仿真得到不同波长光

量子信号的安全密钥率与传输距离之间的关系，结果如图6-6所示。

由图6-6可知，在不同攻击类型下，采用不同波长光量子信号和不同检测方式时，雾霾对安全密钥率的影响规律与降雪天气条件下类似。当达到重度雾霾天气时，由图6-6（d）可知，不同波长对安全密钥率基本不再产生影响。

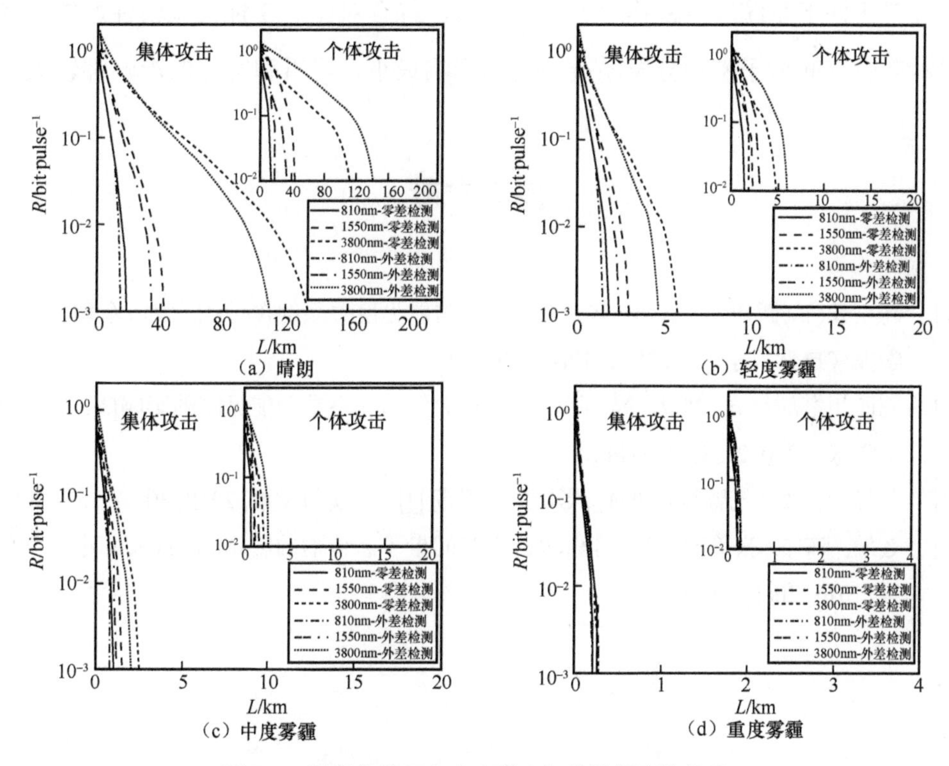

图6-6 雾霾条件下安全密钥率与传输距离的关系

通过综合对比降雪、降雨和雾霾3种天气条件可以看出，降雨对自由空间量子密钥分发系统安全密钥率的影响最小，降雪和雾霾的影响都较大。例如，对于大雪、大雨和重度雾霾天气，由图6-4（d）、图6-5（d）和图6-6（d）可以看出，在集体攻击下采用零差检测和3800 nm波长时，大雨天气下信号能传输约4.3 km，而在重度雾霾和大雪天气下却只能分别传输约0.28 km和0.26 km。

6.5 本章小结

本章在第 5 章的基础上进一步探讨天气因素对自由空间量子密钥分发系统性能的影响。以连续变量量子密钥分发系统为例，介绍了雨、雪、雾霾 3 种常见天气条件下系统安全密钥率的分析方法。综合对比这 3 种天气条件可知，降雨对自由空间量子密钥分发系统性能的影响最小，降雪和雾霾的影响都较大。

参考文献

[1] 高太长, 刘西川, 张云涛, 等. 降雪现象与能见度关系的探讨[J]. 解放军理工大学学报（自然科学版）, 2011, 12(4): 403-408.

[2] 刘西川, 高太长, 刘磊, 等. 降水现象对大气消光系数和能见度的影响[J]. 应用气象学报, 2010, 21(4): 433-441.

[3] 苏静. 细微大气颗粒物 $PM_{2.5}$ 影响因素分析[J]. 环境与发展, 2018, 30(5): 151-152.

[4] 聂敏, 陈伟, 张美玲, 等. 雾霾对自由空间量子态传输的影响[J]. 西安邮电大学学报, 2015, 20(1): 19-23.

第7章 海水对量子密钥分发系统性能的影响

本章研究和探讨水下量子密钥分发系统的性能。首先，介绍4种海域中的叶绿素浓度、海水对光量子信号的吸收和散射的影响。然后，利用蒙特卡罗方法模拟并分析4种海域中偏振光子的散射、衰减和偏振特性。最后，分析海水湍流特性以及海水湍流对信道容量和量子误码率（QBER）的影响。

7.1 信道传输模型

海水是组成结构极其复杂的混合物，水中的悬浮粒子及其不均匀的特性会对光量子信号产生强烈的吸收和散射。为了分析光量子信号在海水中传输时受到的衰减，我们首先建立图7-1所示的水下垂直传输的海水信道传输模型。由图7-1可知，光子（初始偏振态为S_0）从入射面进入海水，经过n次散射后相对于参考平面偏振态变为S_n。在光子的传输方向上分布着随机运动的悬浮粒子，若光子在传输中被完全吸收，则该光子无法被接收端探测器接收到。当光子在传输中与悬浮粒子碰撞发生散射时，光子的传输方向会改变，我们可以用散射角 θ 和方位角 φ 来描述传输方向的变化。海水的散射效应可能会导致光子偏离探测器的探测范围，从而降低被接收的概率。

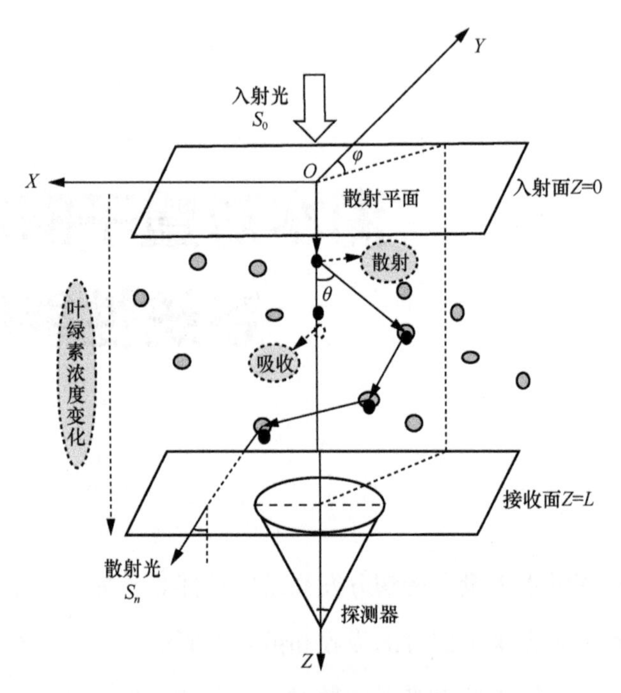

图 7-1　海水信道传输模型

基于此海水信道传输模型，下面对表层不同叶绿素浓度的 4 种海域的叶绿素浓度垂直分布情况，以及海水对光量子信号的吸收和散射随海水深度变化的变化规律进行分析。

7.2　海水光学性质的影响

7.2.1　叶绿素浓度垂直分布

不同海域浮游植物的分布具有明显差异，但在同一种海域中，叶绿素作为浮游植物的主要成分，其浓度却随海水深度的增加呈现一定的分布规律。当海水中的养分和光照处于平衡状态时，叶绿素浓度达到峰值，深层叶绿素浓度达到最大值，并且不同的表层叶绿素浓度会影响深层叶绿素浓度的分布。在表层叶绿素浓度较高的海域（指海水表面深度为 0 的区域），深层叶绿素浓度最大值主要分布在 10～40 m 的区域；当表层叶绿素浓度水平较低时，深层叶绿素浓度最大值主要分布在60～120 m的区域[1]。基于这一特点，在此研究表层叶绿素浓度不同的 4 种海域（分别记作海域 1、海域 2、海域 3 和海域 4）中偏振光子的传输特性，这 4 种海域对应的表层叶绿素浓度分别为 2.2～4 mg/m^3、0.8～2.2 mg/m^3、0.4～0.8 mg/m^{3}和 0.12～0.2 mg/m^3[2,3]。不同海域对应的水体中叶绿素浓度随海水深度的分布可以近似为高斯分布[4, 5]

$$C_c(z) = B_0 + \frac{h}{\sigma\sqrt{2\pi}} \exp\left[\frac{-(z-z_m)^2}{2\sigma^2}\right] \tag{7-1}$$

式（7-1）中，z 为海水深度，B_0 为背景叶绿素浓度，h 为背景叶绿素值（即利用 B_0 计算的叶绿素值）以上的总叶绿素值，z_m 为深层叶绿素浓度最大值对应的海水深度，σ 为叶绿素浓度高斯分布的标准偏差。

由式（7-1）仿真得到 4 种海域对应的叶绿素浓度随海水深度变化的情况，如图 7-2 所示。仿真所用的相关参数如表 7-1 所示。

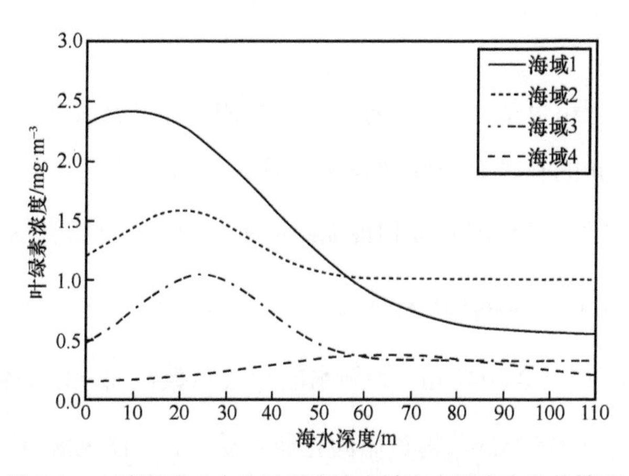

图 7-2　4 种海域对应的叶绿素浓度随海水深度变化的情况

表 7-1　叶绿素浓度变化仿真参数

海域	B_0/mg·m^{-3}	h/mg	z_m/m	σ
1	0.56	130.60	9.87	28
2	1.01	20.31	20.38	15
3	0.33	25.21	24.59	20
4	0.15	15.95	65.28	27

由图 7-2 可知，海域 1 的深层叶绿素浓度最大值位于约 10 m 处，海域 2 和海域 3 的分别位于约 20 m 和 25 m 处，海域 4 的位于约 65 m 处，意味着表层叶绿素浓度越高的海域，深层叶绿素浓度最大值点深度越浅。此外，海域 1 的叶绿素浓度从表层的 2.3 mg/m³到达到深层最大值 2.4 mg/m³，只差了 0.1 mg/m³。但是达到最大值后，随着海水深度的增加，叶绿素浓度将较大幅度下降，直到达到约 80 m 深度后趋于平稳。相对而言，海域 2 和海域 3 的表层叶绿素浓度与深层叶绿素浓度最大值之间的差距较大，分别约为 0.4 mg/m³和 0.6 mg/m³，而海域 4 的叶绿素浓度整体变化趋势都比较平缓。

由于不同的叶绿素浓度会导致海水信道对光量子信号产生不同的吸收和散射效应，因此下面分别分析 4 种海域海水对光量子信号的吸收和散射系数随海水深度变化的变化规律。

7.2.2　吸收效应

根据前文的介绍可知，海水对光量子信号的吸收效应主要包括纯水的吸收、浮游植物中叶绿素的吸收以及浮游植物的营养物质腐殖酸和黄腐酸的吸收，并且吸收效应受光量子信号波长 λ 和传输距离 z 影响[6]，可以表示为

$$a(\lambda,z)=a_{\mathrm{w}}(\lambda)+a_{\mathrm{f}}^{0}c_{\mathrm{f}}(z)\exp(-k_{\mathrm{f}}\lambda)+a_{\mathrm{h}}^{0}c_{\mathrm{h}}(z)\exp(-k_{\mathrm{h}}\lambda)+a_{\mathrm{c}}^{0}(c_{\mathrm{c}}(z))^{0.602} \tag{7-2}$$

式（7-2）中，$a_{\mathrm{w}}(\lambda)$=0.0042 m^{-1} 为纯水的吸收系数，a_{f}^{0}=35.959 m^2/mg 为黄腐酸吸收系数，k_{f}=0.0189 nm^{-1} 为黄腐酸指数系数，a_{h}^{0}=18.828 m^2/mg 为腐殖酸吸

收系数，$k_{\mathrm{h}}=0.01105\ \mathrm{nm}^{-1}$ 为腐殖酸指数系数，$a_{\mathrm{c}}^{0}=0.045\ \mathrm{m}^2/\mathrm{mg}$ 为特定叶绿素吸收系数，$c_{\mathrm{f}}(z)$ 和 $c_{\mathrm{h}}(z)$ 分别为海水中黄腐酸和腐殖酸的浓度，计算式为

$$c_{\mathrm{f}}(z)=1.74098c_{\mathrm{c}}(z)\exp\left[0.12327c_{\mathrm{c}}(z)\right] \tag{7-3}$$

$$c_{\mathrm{h}}(z)=0.19334c_{\mathrm{c}}(z)\exp\left[0.12343c_{\mathrm{c}}(z)\right] \tag{7-4}$$

根据式（7-2）仿真得到 4 种海域海水中光量子信号的吸收系数随海水深度变化的情况，如图 7-3 所示。对比图 7-3 和图 7-2 可知，在同一种海域内，海水对光量子信号的吸收系数随海水深度变化的趋势与该海域叶绿素浓度随海水深度变化的趋势基本一致，这说明叶绿素在影响吸收的因素中占主导地位。

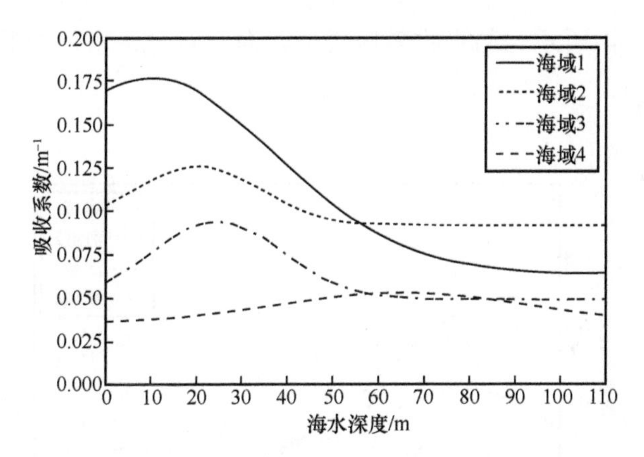

图 7-3　4 种海域海水中光量子信号的吸收系数随海水深度变化的情况

7.2.3　散射效应

除吸收效应外，海水对光量子信号的散射效应也是引起量子通信系统接收端探测效率下降的主要因素[6]。可以将海水的散射系数定义为

$$b(\lambda,z)=b_{\mathrm{w}}(\lambda)+b_{\mathrm{s}}^{0}(\lambda)c_{\mathrm{s}}(z)+b_{\mathrm{l}}^{0}(\lambda)c_{\mathrm{l}}(z) \tag{7-5}$$

式（7-5）中，$b_{\mathrm{w}}(\lambda)$ 为纯水的散射系数；$b_{\mathrm{s}}^{0}(\lambda)$ 和 $b_{\mathrm{l}}^{0}(\lambda)$ 分别为小颗粒物和大颗粒物的散射系数；$c_{\mathrm{s}}(z)$ 和 $c_{\mathrm{l}}(z)$ 分别为小颗粒物和大颗粒物的浓度，根据叶绿

素浓度 $c_c(z)$ 确定。这些系数的计算式分别为

$$b_w(\lambda)=0.005826\left(400/\lambda\right)^{4.322} \tag{7-6}$$

$$b_s^0(\lambda)=1.1513\left(400/\lambda\right)^{1.7} \tag{7-7}$$

$$b_l^0(\lambda)=0.3411\left(400/\lambda\right)^{0.3} \tag{7-8}$$

$$c_s(z)=0.01739c_c(z)\exp\left[0.11631c_c(z)\right] \tag{7-9}$$

$$c_l(z)=0.76284c_c(z)\exp\left[0.03092c_c(z)\right] \tag{7-10}$$

利用式（7-5）仿真得到 4 种海域中光量子信号的散射系数随海水深度变化的情况，如图 7-4 所示。与吸收效应类似，海水对光量子信号的散射效应也主要受叶绿素影响。

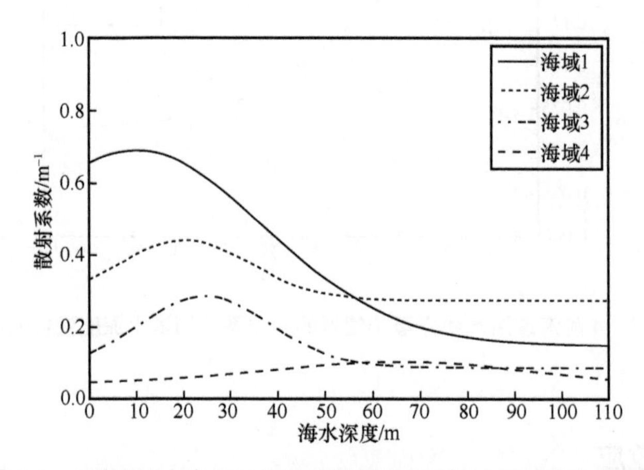

图 7-4　4 种海域中光量子信号的散射系数随海水深度变化的情况

海水对光量子信号的吸收和散射效应最终都可以反映成海水对光量子信号的衰减作用，因此在后面的研究过程中，均利用衰减系数 $s(\lambda,z)$ 来分析光量子信号在传输时受到的吸收和散射的影响。可以将 $s(\lambda,z)$ 定义为

$$s(\lambda,z)=a(\lambda,z)+b(\lambda,z) \tag{7-11}$$

通过对比图 7-3 和图 7-4 可知，在每个海域中，光量子信号的散射系数

$b(\lambda,z)$ 均明显大于吸收系数 $a(\lambda,z)$，由此可知散射效应带来的衰减作用强于吸收效应。因此在下一节中，主要对偏振光子在海水信道中传输时受到的散射作用进行分析。

7.3　偏振光子的水下传输特性

目前已报道的海水量子通信距离在理论上可达百米量级，所以在下面的分析过程中，设定通信距离在 0～110 m 范围内。假设信号传输方向是从海水近表面向深层海水方向传输，即与海水深度方向一致。光量子信号波长为 480 nm，设发射光子数为 10 000，探测器孔径为 50 cm，探测器视场角为 $\pi/4$，光子散射角范围为$[0,\pi]$，方位角范围为$[0,2\pi]$，粒子复折射率为 1.41−0.006 72i，初始光子偏振态为 $\vec{S}=[1,1,0,0]^{\mathrm{T}}$，蒙特卡罗方法的置信度为 95%。仿真得到偏振光子传输时的散射特性、衰减特性和偏振特性如下。

7.3.1　散射特性

首先分别模拟并统计探测器接收距离在 5 m、10 m 和 15 m 处接收光子散射次数在 4 种海域的占比情况，如图 7-5 所示。由图 7-5 可知，接收到的光子散射次数主要集中在 3 次以内，且大部分是未发生散射的光子，以及小部分发生了 1 次散射的光子。当探测器接收距离一定时，表层叶绿素浓度较低的海域接收到的光子中未发生散射的光子数占比较多，发生 1～3 次散射的光子数占比较少。结合图 7-3 和图 7-4 可知，20 m 以内，海水对光子的吸收和散射系数随传输距离的增大呈现递增趋势，即衰减系数随传输距离增加而变大，从而光子传输距离变短。在蒙特卡罗方法模拟过程中，传输步长与光子衰减有关[7]，衰减越大，传输步长越短。这意味着在叶绿素浓度越高的海水区域，光子到达探测器之前可能发生散射的概率越大，这种步长设置与实际相符。同时，表层叶绿素浓度高的海域（如海域 1 和海域 2）中发生散射的光子数比例比表层叶绿素浓度低的海域（如海域 3 和海域 4）大，这一结果也与实际相符。

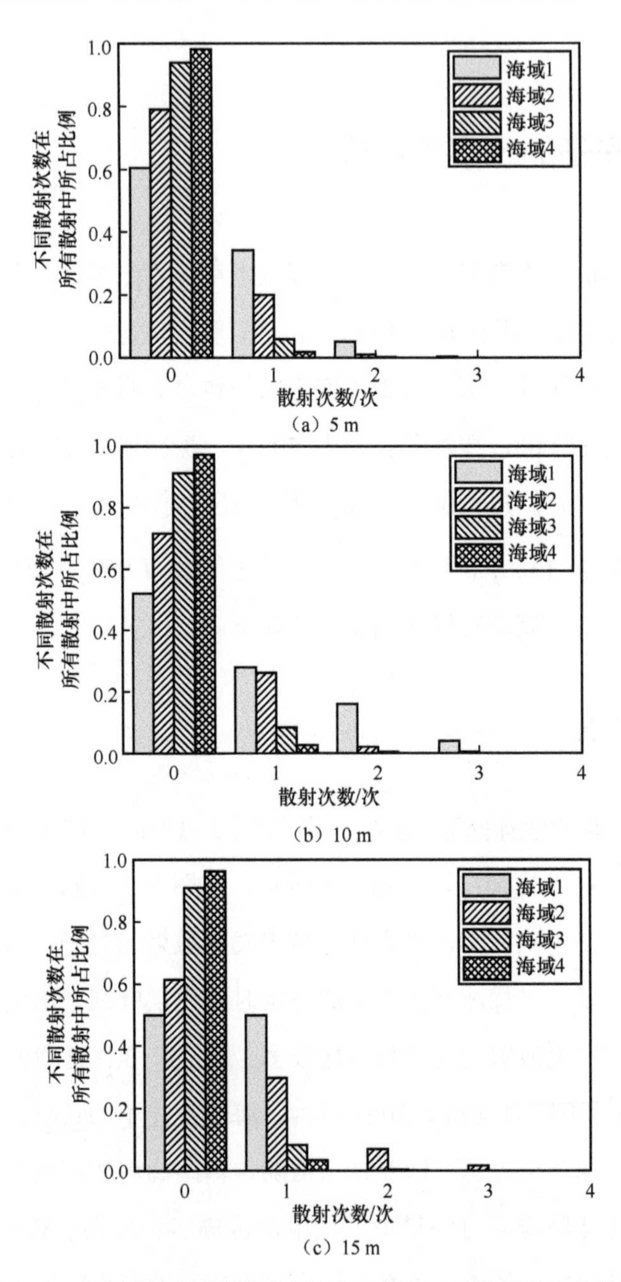

（a）5 m

（b）10 m

（c）15 m

图 7-5　在不同接收距离处光子散射次数在 4 种海域的占比情况

7.3.2　衰减特性

为了分析探测器的接收效率与传输距离之间的关系，仿真得到探测器接收的总光子数、发生过散射的光子数随传输距离变化的情况，结果如图 7-6 所示。

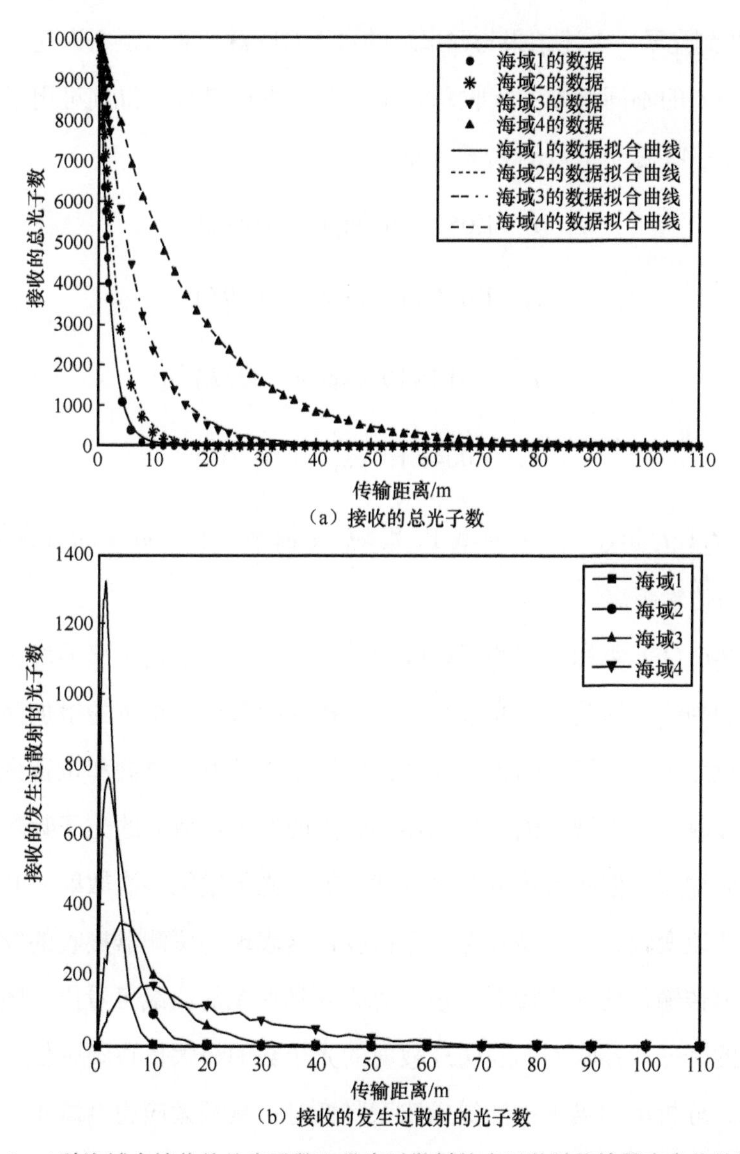

图 7-6　4 种海域中接收的总光子数和发生过散射的光子数随传输距离变化的情况

由图 7-6（a）可知，海水的衰减作用，导致随着传输距离的增大，探测器接收到的总光子数近似呈指数变化的趋势下降；表层叶绿素浓度越大的海水区域，随传输距离的增加可接收到的总光子数减少得越快。例如，对于叶绿素浓度较高的海域 1 和海域 2，传输至约 10 m 和 15 m 后几乎接收不到光子。对于表层叶绿素浓度较低的区域（如海域 4），海水较为清澈，衰减较少，传输至 80 m 处仍可接收到光子。上述结果与已报道的水下实际量子通信距离为几十米相符[8]。对图 7-6（a）的不同海域的接收总光子数曲线进行拟合，得到可用于计算不同传输距离时接收总光子数的式子，即

$$t_1 = 1.053 \times 10^4 \exp(-0.5146L) \tag{7-12}$$

$$t_2 = 1.036 \times 10^4 \exp(-0.3089L) \tag{7-13}$$

$$t_3 = 1.012 \times 10^4 \exp(-0.1425L) \tag{7-14}$$

$$t_4 = 1.004 \times 10^4 \exp(-0.0620L) \tag{7-15}$$

其中，t_1、t_2、t_3 和 t_4 分别为海域 1、海域 2、海域 3 和海域 4 的接收总光子数，L 为光子的传输距离。

由图 7-6（b）可知，探测器接收的散射光子数随传输距离的增大总体呈现先增后减的趋势。这是因为光子被散射的概率随着传输距离的增加而增加，在传输距离较近时，被散射的光子大多只发生 1 次散射，方向和位置变化不大，较容易被探测器接收到，因此探测器接收到的发生过散射的光子数随着传输距离的增加而增加。但随着传输距离继续增加，光子发生多次散射，其传输方向和位置等的改变较大，不易被探测器接收，这表现为探测器接收的发生过散射的光子数随传输距离的增加而减小。对比 4 种海域的曲线可看出，随着表层叶绿素浓度的降低，接收到的发生过散射的光子数的最大值逐渐降低，峰值位置发生变化。分析可知当水体叶绿素浓度降低时，衰减效应也会减小，光子移动步长增大，使光子可能发生散射的位置变远，峰值随之右移。

图 7-7 所示为当光子传输至水下 10 m 处时，4 种海域接收的总光子数和发生过散射的光子数随探测器接收孔径和接收视场角变化的情况。从图 7-7 可以看出在光子传输距离一定时，随着接收孔径和视场角的增大，接收机接收的总光子数缓慢递增并最后几乎保持不变，且在表层叶绿素浓度较低的海域（如海域 4），探测器可接收到的总光子数较多。接收机接收的发生过散射的光子数随接收孔径的增大呈现递增趋势，但在不同海域中的递增幅度不同。随着接收视场角的增大，接收的发生过散射的光子数呈现缓慢递增的趋势。综上所述，探测器接收孔径和视场角对接收机接收总光子数和发生过散射的光子数均有影响，但除了接收的发生过散射的光子数随孔径的增大呈现较明显的增多趋势外，其余因素对结果的影响都不太明显。

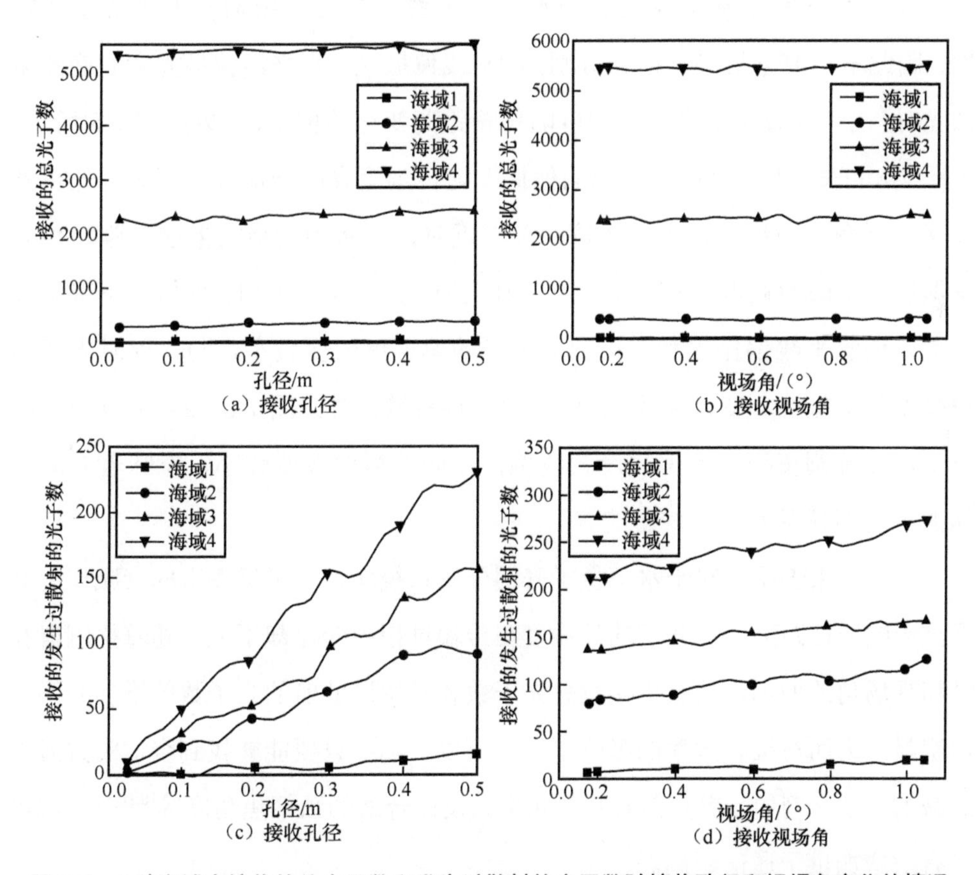

图 7-7　4 种海域中接收的总光子数和发生过散射的光子数随接收孔径和视场角变化的情况

为了验证本章所建立的信道传输模型及分析方法的有效性，在此将图 7-6 和图 7-7 所得结果与在 3 种 Jervor 类型海水中、同样假定沿垂直方向传输的结果[9]进行对比，所得结论相同。但文献[9]假定每种类型海水的衰减系数都是固定的，而如本章图 7-3 和图 7-4 所示，实际上海水的衰减系数将随着海水深度的增加而变化，特别是对于较浑浊的海水（如海域 1），衰减系数的变化十分明显。因此，采用本章建立的信道传输模型对空–潜等量子通信系统的水下传输特性进行分析将更贴近于实际。

7.3.3 偏振特性

光子偏振度是基于偏振态的水下量子密钥分发系统需要考虑的重要特性，因此本小节分析当入射光分别为 45°线偏振光、水平线偏振光和右旋圆偏振光时，在 4 种海域中光子偏振度随传输距离变化的情况，结果如图 7-8 所示。由图 7-8 可知，不同偏振光对应的偏振度随传输距离的增加都呈现先降低再基本保持不变的趋势。在光子传输距离较近时，海水中的散射效应较强，使光子偏振度下降的幅度相对较大。当入射光为 45° 线偏振光时，偏振度下降幅度较大，但水平线偏振光和右旋圆偏振光的偏振度改变较小，与入射时光子的偏振度几乎保持不变，接近 1。对于同一种海域，对比图 7-8（a）、（b）和（c）可知，右旋圆偏振光的偏振度较线偏振光的偏振度改变较小，意味着右旋圆偏振光更不易受海水衰减影响。

上述结果表明，对于水下量子密钥分发系统而言，虽然海水的衰减作用会严重影响通信距离，但光子的偏振度在传输过程中变化却不大。随着探测器孔径和视场角的增加，接收机接收总光子数和发生过散射的光子数的增加并不是很明显，因而对接收效率的影响不大。所以实际中只要能够找到合适的抗海水衰减的方法，例如，提高信号脉冲频率、设计合适的预聚焦角度等[8,10,11]，就可以有效增加量子通信距离。

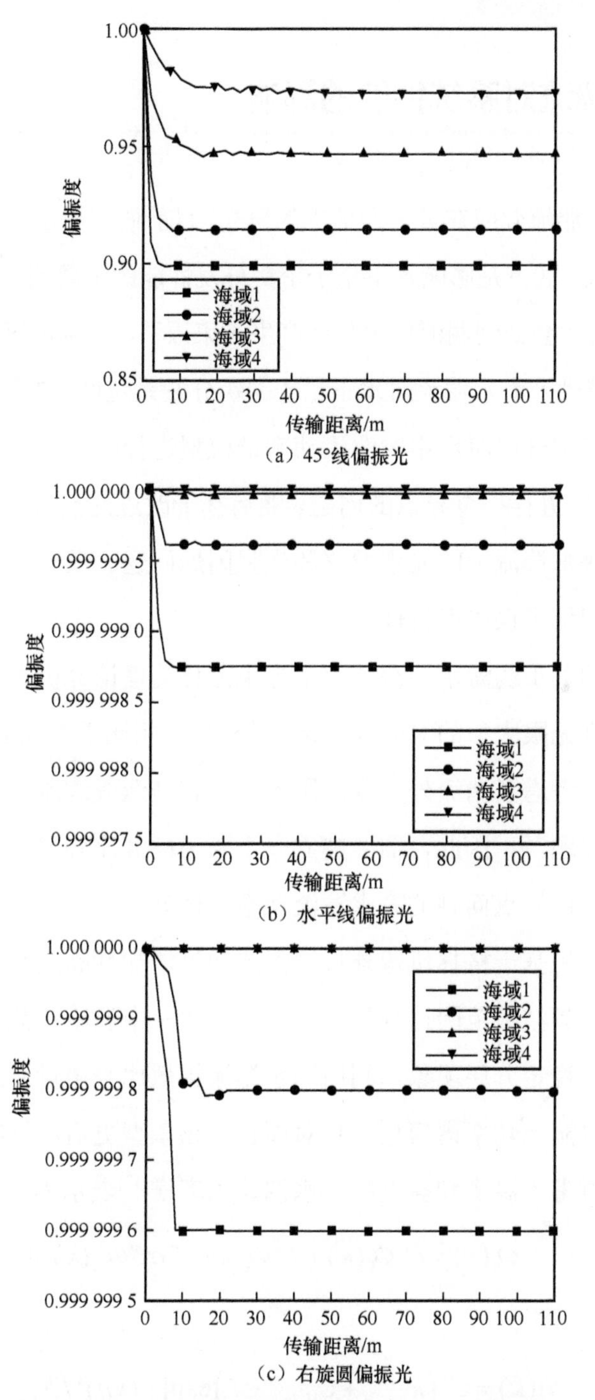

图 7-8　在 4 种海域中 45°线偏振光、水平线偏振光和右旋圆偏振光的偏振度随传输距离变化的情况

7.4 海水湍流对系统性能的影响

相对于大气湍流效应在量子通信中的研究，目前研究海水湍流对量子通信的影响还较少。海水湍流是影响水下量子密钥分发性能的重要因素，当光量子信号在海水中传输时，会受到湍流作用从而产生光束漂移、光强闪烁等现象。本节将探讨海水湍流特性及海水湍流对水下量子密钥分发系统性能的影响。

首先对不稳定分层海水中的湍流功率谱模型进行改进，引入有限外尺度，解决在 $\kappa=0$ 的位置存在奇异点的问题。随后基于改进的湍流功率谱模型，数值仿真并分析弱海水湍流下的光束漂移和光强闪烁问题。最后，研究弱海水湍流下的信道容量和量子误码率特性。

目前已有的关于弱海水湍流条件下光束漂移的理论分析大多选用不考虑外尺度（即外尺度无限大）的 Kolmogorov 谱模型。相比于 Kolmogorov 谱模型，指数功率谱模型考虑了湍流外尺度的影响，但容易造成湍流功率谱低空间波数区域的奇异点问题[12]。因此，需要建立一个既考虑湍流外尺度影响又能避免低空间波数区域的奇异点问题的海水湍流功率谱模型。

在本节中，先基于格林伍德外尺度形式通过增加截断空间频率的方法对空间结构函数的低频波数范围进行校正，再结合实际中温度和盐度的不均匀分布导致海水出现不稳定分层现象，利用海水湍流扩散比来衡量海水的分层状态，建立改进的海水湍流功率谱模型。相对而言，该模型更适用于实际的海水。

可以将同时考虑温度和盐度的海水湍流功率谱[13]表示为

$$\Phi_n(\kappa)=\alpha^2\Phi_{\mathrm{T}}(\kappa)+\beta^2\Phi_{\mathrm{S}}(\kappa)-2\alpha\beta\Phi_{\mathrm{TS}}(\kappa) \tag{7-16}$$

式（7-16）中

$$\Phi_i(\kappa)=C_i^2\left(\kappa^{-11/3}+C_{1i}\eta^{2/3}\kappa^{-3}\right)\exp\left[-(\kappa\eta)^2/N_i^2\right] \tag{7-17}$$

$$C_i^2=(4\pi)^{-1}C_0\varepsilon^{(-1/3)}\chi_i \tag{7-18}$$

$$N_i = 3Q^{-3/2}\left(W_i - \frac{1}{3} + \frac{1}{9W_i}\right)^{3/2} \tag{7-19}$$

$$W_i = \left\{\left[\left(\frac{1}{27} - \frac{Pr_i Q^2}{6C_0}\right)^2 - \frac{1}{729}\right]^{1/2} - \left(\frac{1}{27} - \frac{Pr_i Q^2}{6C_0}\right)\right\}^{1/3} \tag{7-20}$$

其中，$i = \mathrm{T,S,TS}$，α 为热膨胀系数，β 为盐水的收缩系数，κ 为空间频率，η 为 Kolmogorov 的微尺度长度，$C_0 = 0.72$ 为奥布霍夫–科尔辛常数，ε 为单位质量流体中湍流动能耗散率，C_i^2 为 Φ_i 对应的折射率结构常数，C_{1i} 为与 Φ_i 相关的自由常数，$Q = 2.35$ 为常数，Pr_i 为普朗特数（Pr_T、Pr_S 和 Pr_TS 分别为温度、盐度和温度–盐度耦合的普朗特数），W_i 和 N_i 都是 Pr_i 的函数，χ_T、χ_S 和 χ_TS 分别为均方温度、盐度和温度–盐度耗散率[14]。χ_S 和 χ_TS 可利用 χ_T 表示为

$$\chi_\mathrm{S} = d_\mathrm{r}\left(\frac{\alpha}{\omega\beta}\right)^2 \chi_\mathrm{T} \tag{7-21}$$

$$\chi_\mathrm{TS} = (1 + d_\mathrm{r})\frac{\alpha}{2\omega\beta}\chi_\mathrm{T} \tag{7-22}$$

其中，ω 是温度和盐度波动的相对强度比值，d_r 是温度与盐度的涡流扩散率比[15]。将 d_r 定义为

$$d_\mathrm{r} = \frac{|\omega|}{R_\mathrm{F}} \tag{7-23}$$

其中，R_F 为涡流流量比[16]，可表示为

$$R_\mathrm{F} \approx \begin{cases} |\omega| - \sqrt{|\omega|\left(|\omega| - 1\right)},\ |\omega| \geqslant 1 \\ \dfrac{1}{1.85 - 0.85|\omega|^{-1}},\ 0.5 \leqslant |\omega| < 1 \\ \dfrac{1}{0.15},\ |\omega| < 0.5 \end{cases} \tag{7-24}$$

上述湍流功率谱是在无限大外尺度（$L_0=\infty$）条件下推导的，导致极限情况下会出现$\kappa=0$奇异点。为了解决湍流功率谱存在的奇异点问题，需要引入有限外尺度L_0。通过分析并参考类似问题的解决思路，可以利用格林伍德外尺度[17]形式$(\kappa^2+\kappa\kappa_0)^{-11/6}$替代式（7-17）中的$\kappa^{-11/3}$，其中$\kappa_0=2\pi/L_0$。由于此时$\kappa_0$与$L_0$有关，因此上述方法很好地将有限外尺度引入海水湍流功率谱模型。通过对比$(\kappa^2+\kappa\kappa_0)^{-11/6}$和$\kappa^{-11/3}$不难发现，当外尺度区域无限大（$L_0=\infty$）时，$(\kappa^2+\kappa\kappa_0)^{-11/6}$和$\kappa^{-11/3}$等效，即常见的Kolmogorov谱模型，替代后的$(\kappa^2+\kappa\kappa_0)^{-11/6}$变量同样适用无限大外尺度的情况。改进后的海水湍流功率谱可表示为

$$
\begin{aligned}
&\Phi_n(\kappa)=(4\pi)^{-1}C_0\varepsilon^{-1/3}\alpha^2\chi_{\mathrm{T}}(\kappa^2+\kappa\kappa_0)^{-11/6}\times\\
&\left\{\begin{aligned}
&\left[1+C_{1\mathrm{T}}(\kappa\eta)^{2/3}\right]\exp\left(-\frac{(\kappa\eta)^2}{N_{\mathrm{T}}^2}\right)+\\
&\omega^{-2}d_{\mathrm{r}}\left[1+C_{1\mathrm{S}}(\kappa\eta)^{2/3}\right]\exp\left(-\frac{(\kappa\eta)^2}{N_{\mathrm{S}}^2}\right)-\\
&\omega^{-1}(1+d_{\mathrm{r}})\left[1+C_{1\mathrm{TS}}(\kappa\eta)^{2/3}\right]\exp\left(-\frac{(\kappa\eta)^2}{N_{\mathrm{TS}}^2}\right)
\end{aligned}\right\}
\end{aligned}
\tag{7-25}
$$

7.4.1 光束漂移

光束漂移是光束在海水中传输时，温度和盐度的分层变化引起折射率变化，导致光束的传播路径不断发生改变，从而在接收端探测器平面上产生光束中心任意跳动的现象[18]。基于Andrews理论可知，光束在水下的传输路径是随机的，当光束传播距离越远时，在短时间内形成的光斑半径也会越大，从而形成光束的长曝光光斑半径。光束的长曝光光斑半径主要由大尺度涡旋元、小尺度涡旋元和纯衍射量组成，而光束漂移主要受大尺度涡旋元影响。因此，弱海水湍流下衡量光束漂移现象的光束瞬时中心位移的方差，可由光束半径W和大尺度湍流因子的贡献量T_{LS}表示为

$$\begin{aligned}\left\langle r_{c}^{2}\right\rangle &= W^{2}T_{LS} \\ &= 4\pi^{2}k^{2}W^{2}L\int_{0}^{1}\int_{0}^{\infty}\kappa\Phi_{n}(k)H_{LS}(\kappa,\xi)\left[1-\exp(-\Lambda L\kappa^{2}\xi^{2}/k\right]\mathrm{d}\xi\mathrm{d}\kappa\end{aligned} \tag{7-26}$$

式(7-26)中，ξ 为归一化变量，$\Lambda = 2L/kW^2$ 为接收机光束菲涅尔比，$k=\dfrac{2\pi}{\lambda}$ 为波数，L 为传输距离，$H_{LS}(\kappa,\xi)$ 为空间滤波函数[18]。可将 $H_{LS}(\kappa,\xi)$ 定义为

$$H_{LS}(\kappa,\xi)=\exp\left\{-\kappa^{2}W_{0}^{2}\left[\left(\Theta_{0}+\bar{\Theta}_{0}\xi\right)^{2}+\Lambda_{0}^{2}(1-\xi)^{2}\right]\right\} \tag{7-27}$$

其中，$W_0 = W\big/\sqrt{\Theta_0^2+\Lambda_0^2}$ 为入射面光束半径，W 为接收面光束半径，$\Lambda_0 = 2L/kW_0^2$ 为入射面光波菲涅尔比，$\Theta_0 = 1-\bar{\Theta}_0$ 为入射面光束曲率参数。

将式（7-25）和式（7-27）代入式（7-26）可以得以光束漂移方差

$$\begin{aligned}&\left\langle r_{c}^{2}\right\rangle = \pi kW^{2}L^{2}\Lambda\alpha^{2}C_{0}\varepsilon^{-1/3}\chi_{T} \\ &\int_{0}^{1}\xi^{2}\left[I_{T}+\omega^{-2}d_{r}I_{S}-\omega^{-1}(1+d_{r})I_{TS}\right]\mathrm{d}\xi\end{aligned} \tag{7-28}$$

式（7-28）中

$$\begin{aligned}I_{i}=&\int_{0}^{\infty}\frac{\left[1+C_{1i}(\kappa\eta)^{2/3}\right]\kappa^{3}}{(\kappa^{2}+\kappa\kappa_{0})^{11/6}} \\ &\exp\left\{-\kappa^{2}\left[\frac{\eta^{2}}{N_{i}^{2}}+W_{0}^{2}\left(\Theta_{0}+\bar{\Theta}_{0}\xi\right)^{2}\right]\right\}\mathrm{d}\kappa,\ i=\mathrm{T,S,TS}\end{aligned} \tag{7-29}$$

在本小节的分析中，主要考虑入射光为高斯准直光束（$\Theta=1$）和高斯聚焦光束（$\Theta=0$）的漂移特性。下面根据光束漂移式[式（7-28）]，分析光束传输距离 L、单位质量湍流动能耗散率 ε、均方温度耗散率 χ_T、温盐平衡参数 ω、湍流外尺度 L_0 五个主要海水湍流参数在稳定分层（$d_r=1$）以及不稳定分层（$d_r\neq1$）条件下对光束漂移的影响。其中用到的主要计算参数[19]如表 7-2 所示。

表 7-2　光束漂移仿真参数

参量	数值及单位	参量	数值及单位
热膨胀系数 α	2.6×10^{-4} liter/deg	温度普朗特数 Pr_{T}	7
盐水收缩系数 β	1.75×10^{-4} liter/deg	盐度普朗特数 Pr_{S}	700
奥布霍夫–科夫辛常数 C_0	0.72	温盐耦合度普朗特数 Pr_{TS}	13.86
温度功率相关自由常数 $C_{1\mathrm{T}}$	2.181	光波长 λ	480 nm
盐度功率相关自由常数 $C_{1\mathrm{S}}$	2.221	温盐平衡参数 ω	−2.5
温盐功率相关自由常数 $C_{1\mathrm{TS}}$	2.205	（Kolmogorov 谱模型）尺度 η	1 mm
发射端光束半径 W_0	0.1 m		

1．传输距离对光束漂移的影响

设定海水特性参数 $\chi_{\mathrm{T}}=10^{-6}\ \mathrm{K}^2\cdot\mathrm{s}^{-1}$ 和 $\varepsilon=10^{-5}\ \mathrm{m}^2\cdot\mathrm{s}^{-3}$ 时，分别仿真准直光束和聚焦光束的光束漂移方差随 L（传输距离）变化的情况，结果如图 7-9 所示。由图 7-9 可知，随着光束传输距离的增大，两种光束的光束漂移方差都呈现近指数递增趋势，这是由于传输距离增大使湍流效应的影响变大。在相同 d_{r} 条件下，与有限外尺度（$L_0=10\,\mathrm{m}$）相比，当外尺度趋于无限大时光束漂移增速稍快，但两条曲线近乎重合。这一方面表明有限且较大的湍流外尺度对光束漂移的影响与无限大湍流外尺度（即 Kolmogorov 谱模型）时影响近乎相同，另一方面也证明了前面对湍流功率谱模型的改进是正确的。

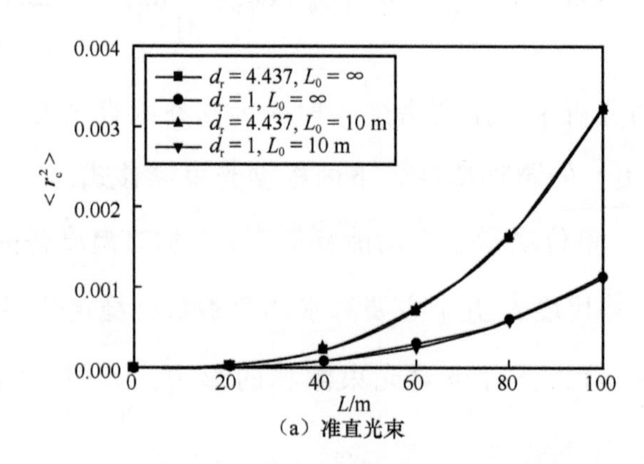

（a）准直光束

图 7-9　不同光束的光束漂移方差随 L 变化的情况

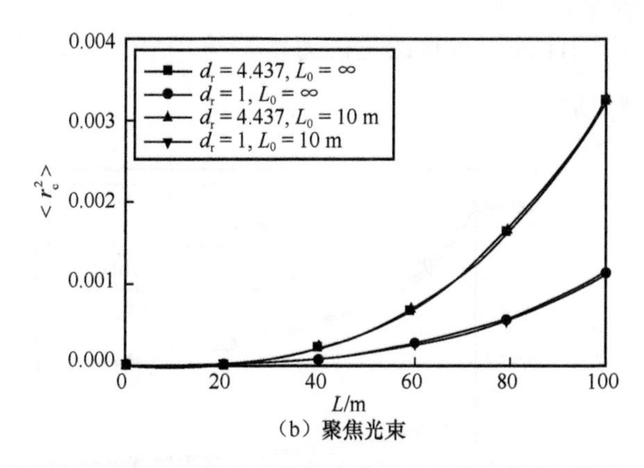

（b）聚焦光束

图 7-9　不同光束的光束漂移方差随 L 变化的情况（续）

2. 单位质量湍流动能耗散率和均方温度耗散率对光束漂移的影响

当传输距离为 50 m，海水特性参数 $\chi_T = 10^{-6}\ \mathrm{K}^2 \cdot \mathrm{s}^{-1}$ 时，仿真得到准直光束和聚焦光束的光束漂移方差随单位质量湍流动能耗散率 ε 变化的情况，如图 7-10 所示；以及当海水特性参数 $\varepsilon = 10^{-5}\ \mathrm{m}^2 \cdot \mathrm{s}^{-3}$ 时，光束漂移方差随均方温度耗散率 χ_T 变化的情况，如图 7-11 所示。

由图 7-10 可知，在任意一种光束下，随着 ε 的增大，光束漂移方差都呈现逐渐减小并趋近于零的趋势。这是由于 ε 的增大，海水的湍流动能耗散率增大，湍流强度变弱，从而光束漂移效应减弱。而在图 7-11 中，两种光束的光束漂移方差都随着 χ_T 的增大而增大，因为 χ_T 的增大意味着海水中温度的波动变大，从而产生更强的海水湍流效应，引起光束漂移增大。

在外尺度参数 L_0 一定时，对比海水稳定分层（$d_r = 1$）和不稳定分层（$d_r = 4.437$）的曲线可知，涡流扩散率 d_r 越大时，对应的光束漂移方差更大。同时，从图 7-10 和图 7-11 中均可看出，无论是准直光束还是聚焦光束，在涡流扩散率 d_r 相同时，湍流外尺度无限大（$L_0 = \infty$）时的光束漂移方差都比有限外尺度（$L_0 = 10\ \mathrm{m}$）时的大，即 Kolmogorov 谱模型产生的光束漂移效应比改进后的有限外尺度功率谱模型条件下的强。而在实际的海洋环境中，湍流外尺度不会趋于无穷大，因此采用本章改进的海水湍流功率谱模型对海水湍流现象进行分析更符合实际情况。

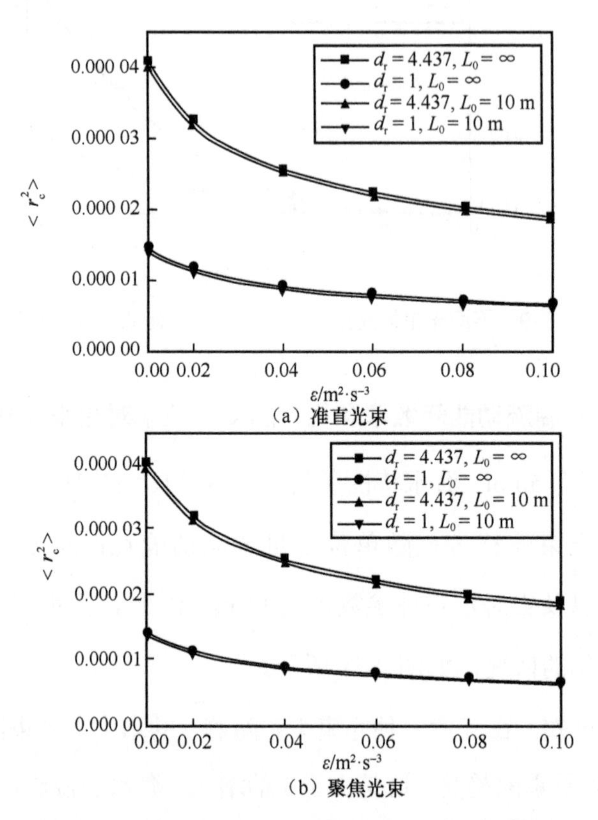

（a）准直光束

（b）聚焦光束

图 7-10　不同光束的光束漂移方差随 ε 变化的情况

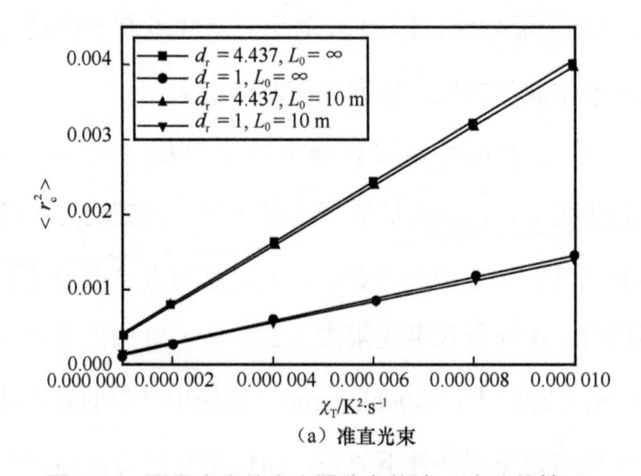

（a）准直光束

图 7-11　不同光束的光束漂移方差随 χ_T 变化的情况

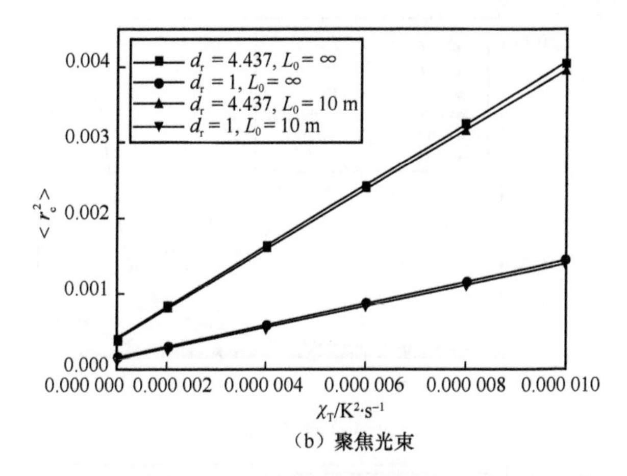

（b）聚焦光束

图 7-11　不同光束的光束漂移方差随 χ_T 变化的情况（续）

3．海水温盐平衡参数对光束漂移的影响

当传输距离为 50 m，海水特性参数 $\chi_T = 10^{-6}\ \mathrm{K}^2 \cdot \mathrm{s}^{-1}$ 和 $\varepsilon = 10^{-5}\ \mathrm{m}^2 \cdot \mathrm{s}^{-3}$ 时，分别仿真准直光束和聚焦光束的光束漂移方差随海水温盐平衡参数 ω 变化的情况，结果如图 7-12 所示。

从图 7-12 中可明显看出，两种光束的光束漂移方差都随着 ω 的增大呈现增大趋势。在温度变化占主导位置的海水区域（如 ω 处于−5～−3），光束漂移方差增大的幅度较小；在盐度变化占主导位置的海水区域（如 ω 处于−1.5～−0.5），光束漂移方差增大的幅度较大。这说明海水盐度变大可促进湍流光束漂移效应变强，相比之下，温度变化对其影响较小。无论 L_0 取值如何，d_r 越大对应光束漂移方差也越大。这是由于 d_r 越大涡流扩散率越大，光束折射越强，产生的光束漂移效应也越强。

4．湍流外尺度对光束漂移的影响

当传输距离为 50 m，海水特性参数 $\chi_T = 10^{-6}\ \mathrm{K}^2 \cdot \mathrm{s}^{-1}$、$\varepsilon = 10^{-5}\ \mathrm{m}^2 \cdot \mathrm{s}^{-3}$ 时，分别仿真准直光束和聚焦光束的光束漂移方差随湍流外尺度 L_0 变化的情况，如图 7-13 所示。

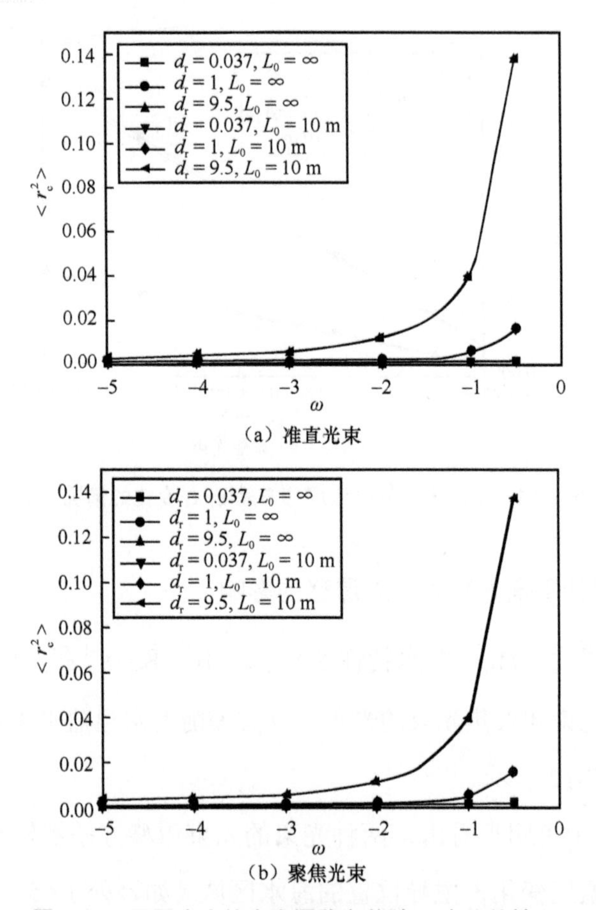

图 7-12　不同光束的光束漂移方差随 ω 变化的情况

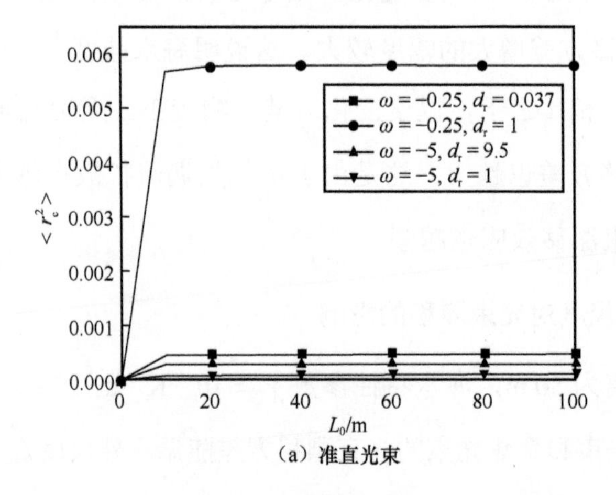

图 7-13　不同光束的光束漂移方差随 L_0 变化的情况

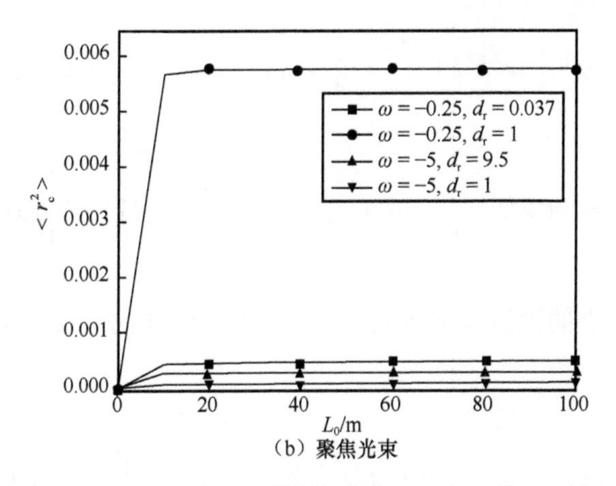

（b）聚焦光束

图 7-13　不同光束的光束漂移方差随 L_0 变化的情况（续）

由图 7-13 可知，无论入射光束是准直光束还是聚焦光束，光束漂移方差都随着 L_0 的增大而增大。但 $L_0 \geqslant 10\ \text{m}$ 后，光束漂移方差增加幅度十分微小，说明较大的湍流外尺度 L_0 对光束漂移的影响近乎相同。

7.4.2　光强闪烁

在弱海水湍流环境下，光强闪烁效应会引起接收机光量子信号强度忽强忽弱，导致接收机的功率损失，并最终使接收强度低于规定的阈值，从而使水下量子密钥分发系统的性能下降。通常用闪烁指数来衡量光强闪烁特性，将其定义为[18]

$$\sigma^2 = \frac{\left\langle I^2(r,d_0,\lambda)\right\rangle - \left\langle I(r,d_0,\lambda)\right\rangle^2}{\left\langle I(r,d_0,\lambda)\right\rangle^2} \tag{7-30}$$

式中，$I(r,d_0,\lambda)$ 是接收强度。

根据式（7-30）可得在弱湍流中，入射光为平面波和球面波时，光束的光强闪烁指数 σ_{p}^2 和 σ_{s}^2 [20]分别为

$$\sigma_{\mathrm{p}}^2 = 8\pi^2 k^2 L \int_0^1 \int_0^\infty \kappa \Phi_n(\kappa) \left[1 - \cos\left(\frac{L\kappa^2}{k}\xi\right)\right] \mathrm{d}\kappa \mathrm{d}\xi \tag{7-31}$$

$$\sigma_{\mathrm{s}}^2 = 8\pi^2 k^2 L \int_0^1 \int_0^\infty \kappa \Phi_n(\kappa) \left\{1 - \cos\left[\frac{L\kappa^2}{k}\xi(1-\xi)\right]\right\} \mathrm{d}\kappa \mathrm{d}\xi \tag{7-32}$$

再将前面改进的湍流功率谱计算式（7-25）分别代入式（7-31）和式（7-32）后可得

$$\sigma_{\mathrm{p}}^2 = 2\pi k^2 L C_0 \alpha^2 \chi_{\mathrm{T}} \varepsilon^{-1/3} \int_0^1 \int_0^\infty \kappa (\kappa^2 + \kappa\kappa_0)^{-11/6} \times \left[1 - \cos\left(\frac{L\kappa^2}{k}\zeta\right)\right] \times \left\{ \begin{array}{l} \left[1 + C_{1\mathrm{T}}(\kappa\eta)^{2/3}\right] \exp\left(-\dfrac{(\kappa\eta)^2}{N_{\mathrm{T}}^2}\right) + \\ \omega^{-2} d_{\mathrm{r}} \left[1 + C_{1\mathrm{S}}(\kappa\eta)^{2/3}\right] \exp\left(-\dfrac{(\kappa\eta)^2}{N_{\mathrm{S}}^2}\right) - \\ \omega^{-1}(1 + d_{\mathrm{r}}) \left[1 + C_{1\mathrm{TS}}(\kappa\eta)^{2/3}\right] \exp\left(-\dfrac{(\kappa\eta)^2}{N_{\mathrm{TS}}^2}\right) \end{array} \right\} \mathrm{d}\kappa \mathrm{d}\zeta \tag{7-33}$$

$$\sigma_{\mathrm{s}}^2 = 2\pi k^2 L C_0 \alpha^2 \chi_{\mathrm{T}} \varepsilon^{-1/3} \int_0^1 \int_0^\infty \kappa (\kappa^2 + \kappa\kappa_0)^{-11/6} \times \left\{1 - \cos\left[\frac{L\kappa^2(\zeta - \zeta^2)}{k}\right]\right\} \times \left\{ \begin{array}{l} \left[1 + C_{1\mathrm{T}}(\kappa\eta)^{2/3}\right] \exp\left(-\dfrac{(\kappa\eta)^2}{N_{\mathrm{T}}^2}\right) + \\ \omega^{-2} d_{\mathrm{r}} \left[1 + C_{1\mathrm{S}}(\kappa\eta)^{2/3}\right] \exp\left(-\dfrac{(\kappa\eta)^2}{N_{\mathrm{S}}^2}\right) - \\ \omega^{-1}(1 + d_{\mathrm{r}}) \left[1 + C_{1\mathrm{TS}}(\kappa\eta)^{2/3}\right] \exp\left(-\dfrac{(\kappa\eta)^2}{N_{\mathrm{TS}}^2}\right) \end{array} \right\} \mathrm{d}\kappa \mathrm{d}\zeta \tag{7-34}$$

本小节主要考虑在两种波束（即平面波和球面波）条件下，光强闪烁特性的变化规律。根据式（7-33）和式（7-34）仿真得到传输距离 L 、单位质量湍流动能耗散率 ε 、均方温度耗散率 χ_{T} 和湍流外尺度 L_0 四个主要参数在稳定分层以及不稳定海水条件下对光强闪烁的影响。

1. 传输距离对光强闪烁的影响

当海水特性参数 $\chi_{\mathrm{T}}=10^{-5}\ \mathrm{K}^2\cdot\mathrm{s}^{-1}$、$L_0=10\ \mathrm{m}$ 和 $\varepsilon=10^{-2}\ \mathrm{m}^2\cdot\mathrm{s}^{-3}$ 时，分别仿真不同温盐平衡条件下，不同入射波束（即平面波和球面波）的闪烁指数随光束传输距离 L 变化的情况，如图 7-14 所示。

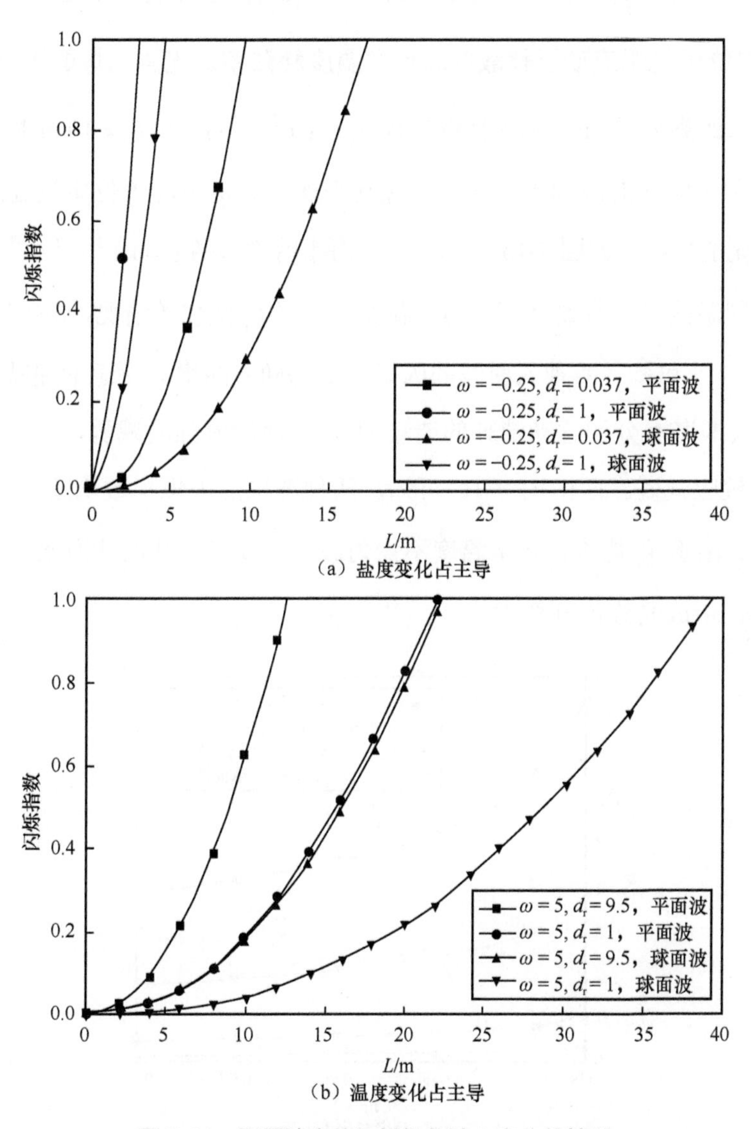

（a）盐度变化占主导

（b）温度变化占主导

图 7-14 不同波束的闪烁指数随 L 变化的情况

从图 7-14 中可明显看出，随着光束传输距离的增大，两种入射波的闪烁指数都呈近指数趋势递增，且在参数ω和d_r值相同时，平面波的闪烁指数递增幅度较球面波的递增幅度大。对比图 7-14（a）和图 7-14（b）可发现，当海水稳定分层（$d_r=1$）且传输距离相同时，盐度变化占主导时的湍流闪烁指数值始终比温度变化占主导时的大，由此可知湍流的光强闪烁效应对海水盐度变化更为敏感。

2. 单位质量湍流动能耗散率和均方温度耗散率对光强闪烁的影响

当传输距离为 10 m、海水特性参数$\chi_T=10^{-5}\ \mathrm{K}^2\cdot\mathrm{s}^{-1}$和$L_0=10\ \mathrm{m}$时，仿真得到平面波和球面波的闪烁指数在不同温盐平衡参数ω下随单位质量湍流动能耗散率ε变化的情况，如图 7-15 所示；以及海水特性参数$\varepsilon=10^{-2}\ \mathrm{m}^2\cdot\mathrm{s}^{-3}$时，闪烁指数在不同温盐平衡参数$\omega$下随均方温度耗散率$\chi_T$变化的情况，如图 7-16 所示。

由图 7-15 可知，两种入射波的闪烁指数都随ε的增大而逐渐递减，原因是ε的增大（即海水分子运动消耗的能量增大），使湍流强度减弱，从而接收机的光强闪烁效应减弱。而由图 7-16 可知，两种波束的闪烁指数均随χ_T的增大而持续增加，由于χ_T增大，海水温度不均匀波动也变大，从而使海水产生更强的湍流起伏，造成光强闪烁变大。

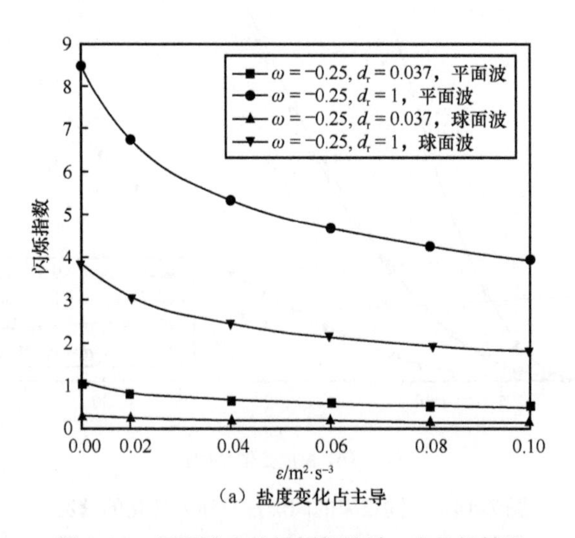

（a）盐度变化占主导

图 7-15　不同波束的闪烁指数随ε变化的情况

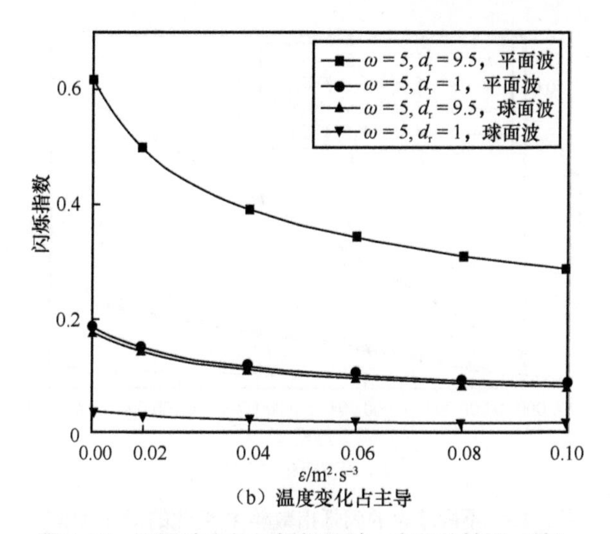

（b）温度变化占主导

图 7-15　不同波束的闪烁指数随 ε 变化的情况（续）

对于同种入射波形，盐度变化占主导地位时，$d_{\mathrm{r}}=1$（即海水稳定分层）的闪烁指数比 $d_{\mathrm{r}}=0.037$ 时的闪烁指数大；温度变化占主导地位时，$d_{\mathrm{r}}=1$（即海水稳定分层）的闪烁指数比 $d_{\mathrm{r}}=9.5$ 的闪烁指数小。这也说明实际中不能用稳定分层的海水湍流效应来代替实际环境中不稳定分层（$d_{\mathrm{r}}<1$ 或 $d_{\mathrm{r}}>1$）的海水湍流效应，它们之间存在较大的误差。

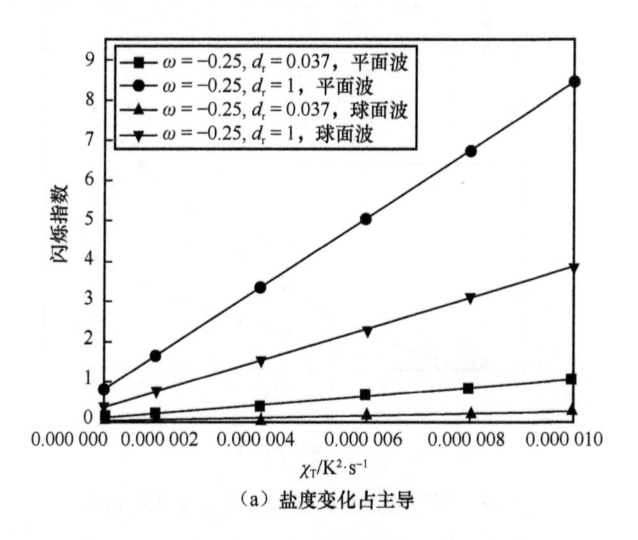

（a）盐度变化占主导

图 7-16　不同波束的闪烁指数随 χ_{T} 变化的情况

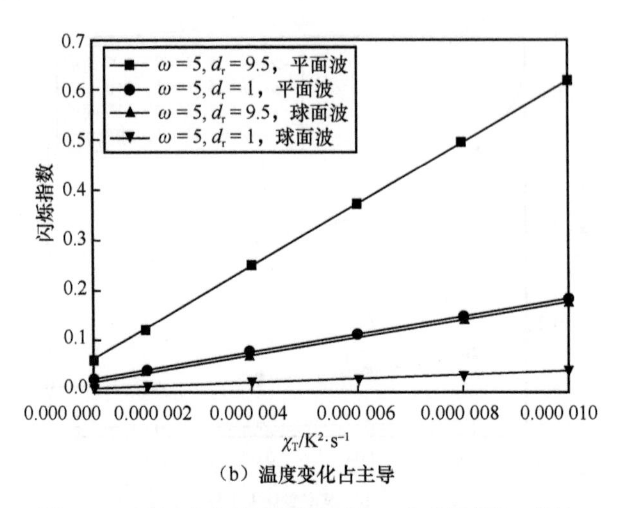

（b）温度变化占主导

图 7-16　不同波束的闪烁指数随 χ_T 变化的情况（续）

3．湍流外尺度对光强闪烁的影响

当海水特性参数 $\chi_T = 10^{-5}\ \mathrm{K}^2\cdot\mathrm{s}^{-1}$、$\omega = 10^{-2}\ \mathrm{m}^2\cdot\mathrm{s}^{-3}$、$\omega = -2.5$ 和 $\eta = -10^{-3}$ m 时，分别仿真平面波和球面波在不同涡流扩散比 d_r 和湍流外尺度 L_0 时闪烁指数随传输距离 L 变化的情况，结果如图 7-17 所示。

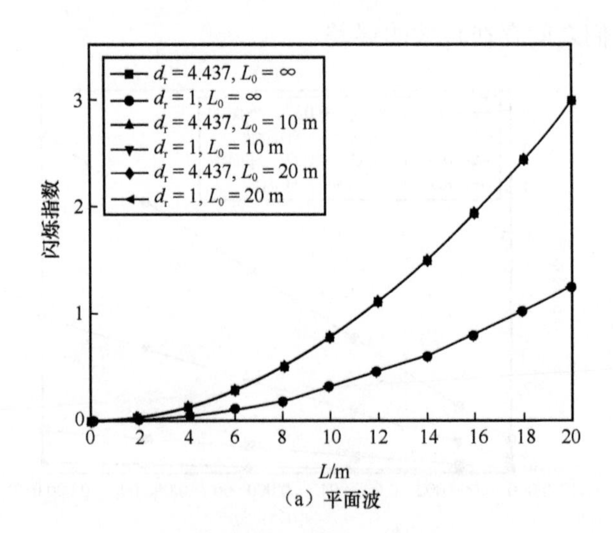

（a）平面波

图 7-17　不同波束的闪烁指数随 L 变化的情况

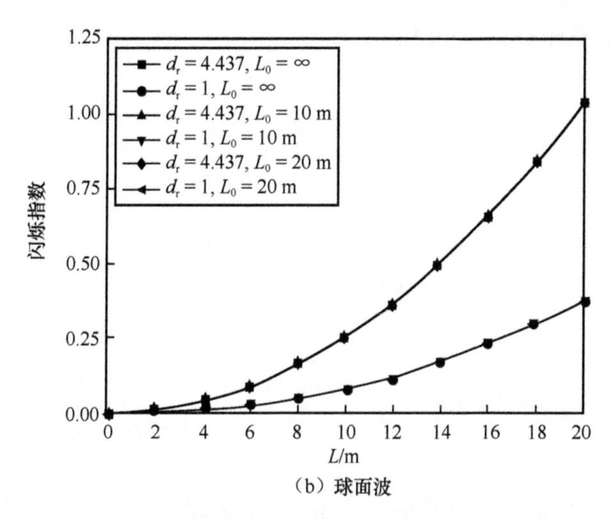

（b）球面波

图 7-17　不同波束的闪烁指数随 L 变化的情况（续）

由图 7-17 可知，对于平面波和球面波而言，在涡流扩散率 d_r 相同时，当湍流外尺度 L_0 取值为 10 m、20 m 及无穷时，闪烁指数的曲线几乎重合。这说明在弱湍流区域，无论是利用改进后的功率谱模型还是常见的 Kolmogorov 谱模型对湍流效应进行分析，湍流外尺度的改变对光强闪烁效应的影响都很小，可以忽略不计。

7.4.3　海水湍流对信道容量的影响

在水下量子密钥分发过程中，光量子信号受到湍流作用会造成光量子信号的量子态相干性减弱，从而使量子态原本携带的信息大量缺失，造成信道容量减少，并最终导致水下量子密钥分发系统的性能变差。因此，本小节对弱海水湍流条件下量子比特翻转信道的信道容量特性进行研究。假设比特翻转信道的信源输入和信宿输出均为二元量子态集合 $\{|0\rangle,|1\rangle\}$：在输出端，ρ_2 为量子态 $|0\rangle$ 的密度算子，ρ_3 为量子态 $|1\rangle$ 的密度算子；在输入端，量子态 $|0\rangle$ 的产生概率为 p，量子态 $|1\rangle$ 的产生概率为 $1-p$，这两种状态的平均密度算子为 ρ_4。根据比特翻

转信道的密度算子计算式[21]可知

$$\boldsymbol{\rho}_2=\begin{bmatrix}1-p_1 & 0\\ 0 & p_1\end{bmatrix} \tag{7-35}$$

$$\boldsymbol{\rho}_3=\begin{bmatrix}p_1 & 0\\ 0 & 1-p_1\end{bmatrix} \tag{7-36}$$

$$\boldsymbol{\rho}_4=p\boldsymbol{\rho}_2+(1-p)\boldsymbol{\rho}_3=\begin{bmatrix}p+p_1-2pp_1 & 0\\ 0 & 1-(p+p_1-2pp_1)\end{bmatrix} \tag{7-37}$$

其中，p_1 为海水湍流环境中缺失一个光子的概率[22-24]，可表示为

$$p_1=\frac{\eta L\exp(-\varepsilon\chi_{\mathrm{T}})\exp(\omega)}{\varepsilon k} \tag{7-38}$$

由此可推出各密度算子的冯·诺依曼熵为

$$S(\boldsymbol{\rho}_2)=S(\boldsymbol{\rho}_3)=-\left[p_1\mathrm{lb}p_1+(1-p_1)\mathrm{lb}(1-p_1)\right] \tag{7-39}$$

$$S(\boldsymbol{\rho}_4)=-\begin{Bmatrix}(p+p_1-2pp_1)\mathrm{lb}(p+p_1-2pp_1)+\\ \left[1-(p+p_1-2pp_1)\right]\mathrm{lb}\left[1-(p+p_1-2pp_1)\right]\end{Bmatrix} \tag{7-40}$$

由于在海水湍流比特翻转信道中，光子的量子比特发生翻转后，信道容量最大值为输入端冯·诺依曼熵与输出端冯·诺依曼熵的差值[21]，因此可将信道容量最大值定义为

$$\begin{aligned}C_{\max}=&-(p+p_1-2pp_1)\mathrm{lb}(p+p_1-2pp_1)-\\ &\left[1-(p+p_1-2pp_1)\right]\mathrm{lb}\left[1-(p+p_1-2pp_1)\right]+\\ &\left[p_1\mathrm{lb}p_1+(1-p_1)\mathrm{lb}(1-p_1)\right]\end{aligned} \tag{7-41}$$

令 $p=\frac{1}{2}$，则信道容量最大值可表示为

$$C_{\max} = 1 + \left[p_1 \mathrm{lb} p_1 + (1-p_1)\mathrm{lb}(1-p_1) \right] \quad (7\text{-}42)$$

基于信道容量最大值计算式[式（7-42）]，分别仿真分析在不同温盐平衡参数ω下，光子传输距离L、单位质量湍流动能耗散率ε、平均温度耗散率χ_T以及 Kolmogorov 谱尺度η对信道容量C的影响，结果如图 7-18 所示。[因为ε和χ_T的数值都较小，所以图 7-18（b）和图 7-18（c）的横坐标分别取$\log\varepsilon$和$\log\chi_T$的形式]

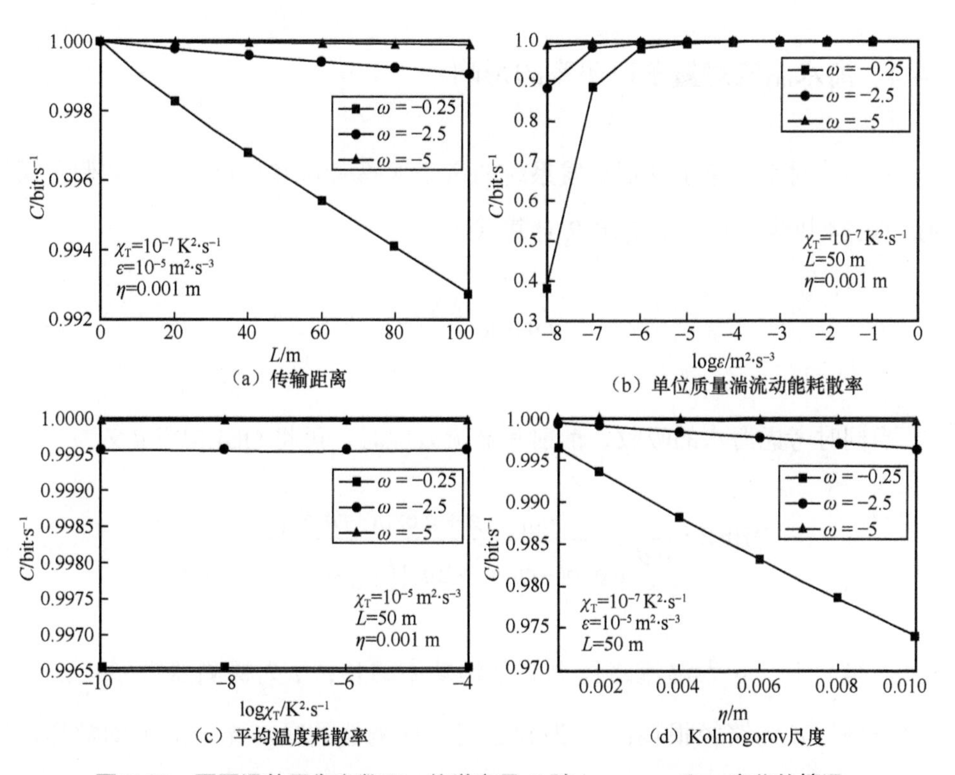

图 7-18　不同温盐平衡参数下，信道容量 C 随 L、ε、χ_T 和 η 变化的情况

首先，由图 7-18（a）和图 7-18（d）可知，信道容量随着L和η的增大均呈现递减趋势，且ω越大，信道容量下降得越快。这是由于随着L和η的增大，光量子信号受湍流的作用较大，产生较强的光强闪烁效应，光量子信号的量子态损失逐渐增大，从而信道容量出现明显的下降趋势。其次，由图 7-18（b）

可知，当传输距离为 50 m 时，随着 ε 的增大，湍流强度变弱，从而光量子信号的量子态相干情减弱，信道容量也随之增大。由图 7-18（c）可知，在相同传输距离下，随着 χ_T 增大，信道容量下降且下降幅度很小，说明 χ_T 对信道容量的影响不大。除此之外，从图 7-18 中可看出，当海水盐度变化占主导（$\omega=-0.25$）时，信道容量最小；而当温度变化占主导（$\omega=-5$）时，信道容量最大，说明水下量子信道对海水盐度的变化更为敏感，盐度越大，信道容量越小。

7.4.4 海水湍流对量子误码率的影响

本小节对水下量子密钥分发系统的量子误码率 QBER 进行分析。假定采用的是 BB84 协议，相应的 QBER 计算式为

$$\text{QBER}=\frac{N_{\text{wrong}}}{N_{\text{total}}} \tag{7-43}$$

当同时考虑海水的吸收、散射和湍流效应时，可将 QBER[25]定义为

$$\text{QBER}=\frac{n_{\text{N}}[1-g+g\exp(-\tau n_{\text{s}}d)]}{\frac{n_{\text{s}}d}{2}g\exp(-\tau n_{\text{s}}d)+2n_{\text{N}}[1-g+g\exp(-\tau n_{\text{s}}d)]} \tag{7-44}$$

式（7-44）中，g 为湍流路径上的平均功率转移；τ 为探测器效率；n_{s} 为平均光子数；d 为路径损耗；n_{N} 为到达每个探测器的噪声光子的平均数量，计算式为[26]

$$n_{\text{N}}=\frac{n_{\text{B}}}{2}+n_{\text{D}}=I_{\text{dc}}\Delta t+\frac{1}{2}\frac{\pi R_{\text{d}}A\Delta t'\lambda\Delta\lambda[1-\cos(\Omega)]}{2hc_{\text{light}}} \tag{7-45}$$

其中，n_{B} 和 n_{D} 分别表示背景光和探测器暗计数带来的噪声光子数，λ 为光波长，I_{dc} 为暗电流计数，A 为接收器孔径面积，Ω 为视场角，h 为普朗克常数，c_{light}

为光速，R_d 为环境辐照度，$\Delta\lambda$ 为滤波器光谱宽度，Δt 为比特周期，$\Delta t'$ 为接收时间窗口。

路径损耗 d 的计算式为[27]

$$d = \exp\left[-sz\left(\frac{D_2}{\Psi z}\right)\right]^\text{T} \tag{7-46}$$

式（7-46）中，z 为海水深度，D_2 为接收器孔径，Ψ 为发射机光束发散角，s 为消光系数，T 为修正系数。

根据本章前面的研究结论，此处在分析水下量子密钥分发系统的 QBER 时进行简化：对于较为浑浊的海域（如海域 1 和海域 2），可认为对光量子信号起主要作用的是衰减效应，式（7-44）中 $\exp(-\tau n_\text{S} d) \approx 1$[28]。在分析弱海水湍流对 QBER 的影响时，设定湍流路径上平均功率转移 $g = 1$。由此，可将 QBER 计算式简化为[25]

$$\text{QBER} = \frac{2n_\text{N}}{n_\text{S} g d + 4n_\text{N}} \tag{7-47}$$

根据式（7-47）可知，仿真得到 4 种海域中 QBER 随海水深度变化的情况，结果如图 7-19 所示。仿真过程中消光系数为 7.2 节所给的 4 种海域的衰减系数，其他参数如表 7-3 所示。

表 7-3 QBER 其他仿真参数

参数	数值及单位
暗电流计数 I_dc	60 Hz
修正系数 T	0.16
视场角 Ω	$\pi/4$
普朗克常数 h	6.63×10^{-34} J·s
光速 c_light	3×10^8 m/s
环境辐照度 R_d	1×10^{-3} Wm^{-2}

续表

参数	数值及单位
滤波器光谱宽度 $\Delta\lambda$	0.12×10^{-9} nm
比特周期 Δt	35 ns
接收时间窗口 $\Delta t'$	200 ps
光波长 λ	480 nm
接收器孔径 D_2	10 cm
发射机光束发散角 Ψ	6°

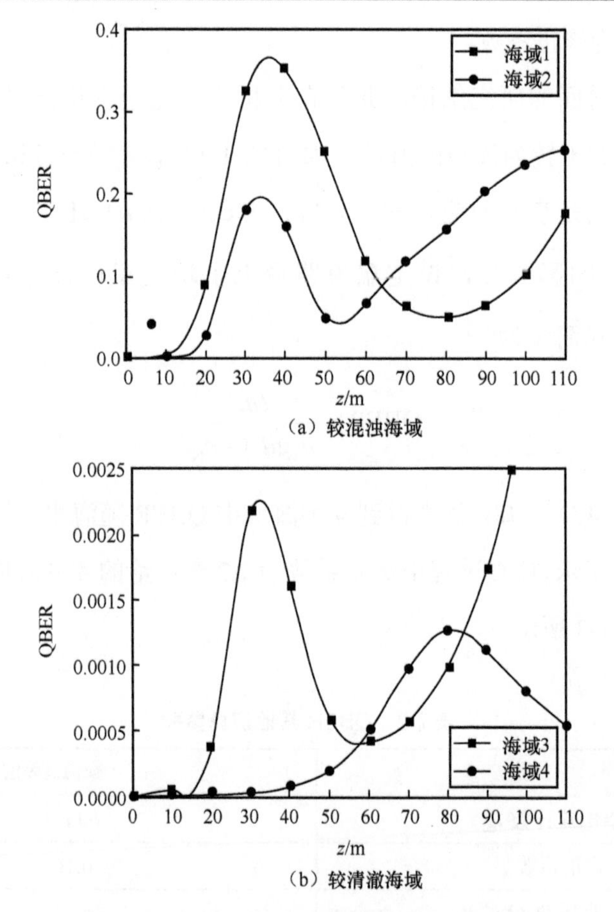

（a）较混浊海域

（b）较清澈海域

图 7-19　不同海域中 QBER 随 z 变化的情况

从图 7-19 可看出，4 种海域中 QBER 随海水深度的增大呈现先增大后减小再增大的趋势。通过深入分析可知，这主要是由于 QBER 受衰减和传输距离两个因素共同影响。由前文可知，海水中叶绿素浓度的分布呈现先增后减的高斯分布趋势，当量子信号刚入射进海水中时，随着海水度（即传输距离）的增加叶绿素浓度也呈增大的趋势，导致信号衰减增大，QBER 增大；直到达到深层叶绿素浓度的最大值，海水中的衰减达到最大，QBER 也达到最大值；之后随着水中叶绿素浓度降低，QBER 也呈减少趋势。但当 QBER 再下降到一定低值时，水中的叶绿素浓度趋于稳定，其对 QBER 的影响降到次要地位，此时传输距离将对 QBER 产生主要影响，因此随着海水深度的增加，QBER 将继续上升。对比图 7-19（a）和图 7-19（b）可发现，在较为清澈的海域，QBER 再次增大时对应的海水深度相对较浅，例如相比于海域 1 的 80 m，海域 3 的 QBER 在 60 m 后就再一次递增。这是由于在较为清澈的海域，水中叶绿素浓度最大值点离海面较近，从而导致QBER 达到二次递增的距离也离海面较近。同时从图 7-19 中可以明显看出，在相同海水深度时，较浑浊海域的量子信号的 QBER 始终大于较清澈海域的 QBER。

7.5　本章小结

本章介绍了 4 种不同海域中的水下量子密钥分发系统性能。首先，建立了基于偏振光子的水下信道传输模型，在此基础上分析了在 4 种叶绿素浓度的海域中，偏振光子的衰减、偏振特性随海水深度变化的变化规律。然后，介绍了一种改进的海水湍流功率谱模型，基于此模型阐述了各种海水特性参量对光束漂移和光强闪烁效应的影响。最后，分析了在 4 种海域中的水下量子密钥分发系统的信道容量和量子误码率特性。

参考文献

[1] CULLEN J J. The Deep Chlorophyll Maximum: Comparing Vertical Profiles of Chlo-

rophyll a[J]. Canadian Journal of Fisheries and Aquatic Sciences, 1982, 39(5): 791-803.

[2] JOHNSON L J, GREEN R J, LEESON M S. Underwater Optical Wireless Communications: Depth Dependent Variations in Attenuation[J]. Applied Optics, 2013, 52(33): 7867-7873.

[3] UITZ J, CLAUSTRE H, MOREL A, et al. Vertical Distribution of Phytoplankton Communities in Open Ocean: An Assessment Based on Surface Chlorophyll[J]. Journal of Geophysical Research Oceans, 2006, 111(C8).

[4] 刘涛, 邱佳, 李佳佳, 等. 偏振光子的水下传输特性分析[J]. 北京邮电大学学报, 2022, 45(1): 121-126.

[5] PLATT T, SATHYENDRANATH S, CAVERHILL C M, et al. Ocean Primary Production and Available Light: Further Algorithms for Remote Sensing[J]. Deep Sea Research Part A. Oceanographic Research Papers, 1988, 35(6): 855-879.

[6] HALTRIN V I. Chlorophyll-based Model of Seawater Optical Properties[J]. Applied Optics, 1999, 38(33): 6826-6832.

[7] YUAN R Z, MA J S, SU P, et al. Monte-Carlo Integration Models for Multiple Scattering Based Optical Wireless Communication[J]. IEEE Transactions on Communications, 2020, 68(1): 334-348.

[8] HU C Q, YAN Z Q, GAO J, et al. Decoy-State Quantum Key Distribution Over a Long-Distance High-Loss Air-Water Channel[J]. Physical Review Applied, 2021, 15(2).

[9] 赵士成. 基于偏振编码的水下光量子通信的理论与实验研究[D]. 青岛: 中国海洋大学, 2014.

[10] 周田华, 范婷威, 马剑, 等. 光束发射参数对蓝绿激光海洋传输特性的影响[J]. 大气与环境光学学报, 2020, 15(1): 40-47.

[11] 吴琼, 王博, 王涛, 等. 基于蒙特卡洛法的水下无线光传输特性分析[J]. 光子学报, 2021, 50(4): 30-39.

[12] CUI L Y, XUE B D, CAO L, et al. Irradiance Scintillation for Gaussian-beam Wave Propagating Through Weak Non-Kolmogorov Turbulence[J]. Optics Express, 2011, 19(18): 16872-16884.

[13] YAO J R, ZHANG Y, WANG R N, et al. Practical Approximation of the Oceanic Refractive Index Spectrum[J]. Optics Express, 2017, 25(19): 23283-23292.

[14] MOHAMMED E, MURAT U, YAHYA B, et al. Effect of Eddy Diffusivity Ratio on Underwater Optical Scintillation Index[J]. Journal of the Optical Society of America A, 2017, 34(11): 1969-1973.

[15] FEDOROV K N. The Thermohaline Finestructure of the Ocean[J]. Pergamon, 1978, 77: 165-167.

[16] KUNZE E. A Review of Oceanic Salt-fingering Theory[J]. Progress in Oceanography, 2003, 56(3/4): 399-417.

[17] VOITSEKHOVICH V V. Outer Scale of Turbulence: Comparison of Different Models[J]. Journal of the Optical Society of America A, 1995, 12(6): 1346-1353.

[18] ANDREWS L C, PHILLIPS R L. Laser Beam Propagation Through Random Media[M]. Washington: SPIE Press, 2005: 257-390.

[19] PENG Y, LUAN X H, XIANG Y, et al. Beam-wander Analysis in Turbulent Ocean with the Effect of the Eddy Diffusivity Ratio and the Outer Scale[J]. Journal of the Optical Society of America, 2019, 36(4): 556-562.

[20] LU L, WANG Z Q, ZHANG P F, et al. Phase Structure Function and AOA Fluctuations of Plane and Spherical Waves Propagating Through Oceanic Turbulence[J]. Journal of Optics, 2015, 17(8): 085610.

[21] ZHANG X Z, LIU B Y, XU X. Influence of Oceanic Turbulence on the Performance of Underwater Quantum Satellite Communication[J]. Journal of Russian Laser Research, 2020, 41(5): 509-520.

[22] 傅玉青，黄诚惕，杜永兆．强海洋湍流水下光通信系统误码率研究[J]．信号处理，2019, 35(5): 897-903.

[23] 聂敏，任杰，杨光，等. PM2.5 大气污染对自由空间量子通信性能的影响[J].物理学报, 2015, 64(15): 9-16.

[24] 陈汉武．量子信息与量子计算简明教程[M]．南京：东南大学出版社，2006: 170-183.

[25] SHAPIRO J H. Near-field Turbulence Effects on Quantum-key Distribution[J]. Physical Review A, 2003, 67(2): 022309.

[26] LANZAGORTA M. Underwater Communications[J]. Synthesis Lectures on Communications, 2012, 5: 75-91.

[27] ELAMASSIE M,MIRAMIRKHANI F, UYSAL M. Performance Characterization of Underwater Visible Light Communication[J].IEEE Transactions on Communications, 2019, 67(1): 543-552.

[28] RAOUF A H F, SAFARI M, UYSAL M. Performance Analysis of Quantum Key Distribution in Underwater Turbulence Channels[J]. Journal of the Optical Society of America B, 2020, 37(2): 564-573.

第 8 章 光放大器对连续变量量子密钥分发系统性能的改善

无论是零差探测器还是外差探测器都具有一定的非理想性，因此会对连续变量量子密钥分发系统性能造成影响。为了补偿探测器的非理想性，本章研究和探讨利用相敏放大器（PSA）以及相位非敏感放大器（PIA）对基于高斯调制的自由空间连续变量量子密钥分发系统性能进行改善的方法。首先，介绍相敏放大器以及相位非敏感放大器的模型和放大原理。然后，在第 5 章的基础上，介绍在自由空间连续变量量子密钥分发系统中加入相敏放大器和相位非敏感放大器的方案。最后，分别分析这两种放大器对自由空间连续变量量子密钥分发系统性能的改善效果。

8.1 相敏放大器

相敏放大器是一种简并光参量放大器，理想情况下允许对选定的正交分量进行无噪声放大[1,2]。信号的两个正交分量 x、p 经放大倍数为 g（$g>1$）

的相敏放大器放大后，$x \to \sqrt{g}x$ 且 $p \to p/\sqrt{g}$，即放大过程对正交分量有不对称影响，同相的信号光分量被放大，而与之正交的信号光分量被衰减，如图 8-1 所示。

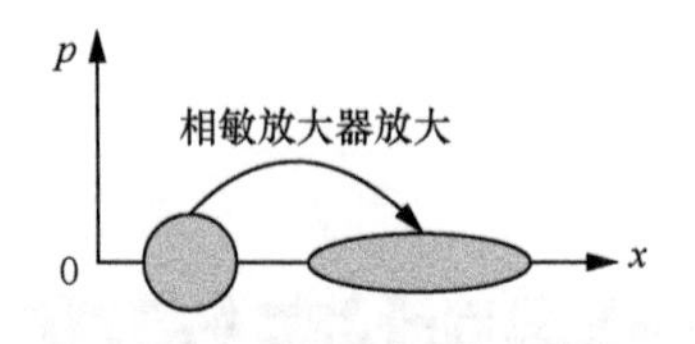

图 8-1　相敏放大器的原理示意

为研究相敏放大器对自由空间连续变量量子密钥分发系统性能的改善，首先建立加入相敏放大器后的连续变量量子密钥分发系统模型，如图 8-2 所示。

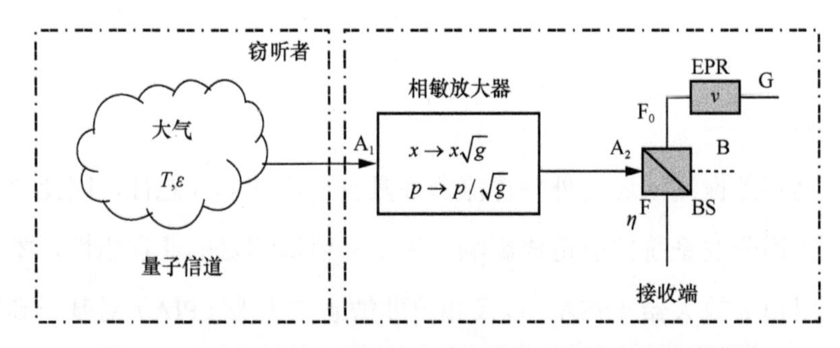

图 8-2　加入相敏放大器后的连续变量量子密钥分发系统模型

从图 8-2 中可以看出，相敏放大器被加入大气信道之后、接收端检测设备的输入端之前的位置。出于简化，在图 8-2 中没有画出大气信道之前的系统结构模型，此部分结构可参考 5.2 节中的图 5-31。根据图 8-2 建立的连续变量量子密钥分发系统模型以及 5.2 节介绍的安全密钥率计算式，可推导出加入相敏放大器后的安全密钥率计算式。

1. 集体攻击情况下的安全密钥率

正如在 5.2 节中提到的，式（5-61）为窃听者从接收机处获得的信息量。其中，式（5-61）的第一部分 $\lambda_{1,2}$ 是表征状态 ρ_{AA_1} 的协方差矩阵 γ_{AA_1} 的辛特征值，而γ_{AA_1}仅仅取决于发射机和量子信道之间的系统，与接收机的设置无关，因此加入相敏放大器后零差检测和外差检测时的$\lambda_{1,2}$表达式是不变的。然而，加入相敏放大器后，γ_{AFGB}的表达式却将变为

$$\gamma_{AFGB} = (\boldsymbol{Y}^{BS})^T (\boldsymbol{Y}^{PSA})^T [\gamma_{AA_1} \oplus \gamma_{F_0G}] \boldsymbol{Y}^{PSA} \boldsymbol{Y}^{BS} \tag{8-1}$$

其中，$\boldsymbol{Y}^{BS}$、γ_{AA_1}以及γ_{F_0G}的表达式参见 5.2 小节，此处不再赘述。$\boldsymbol{Y}^{PSA}$表示相敏放大器对 A_1 模式进行变换，其表达式为

$$\boldsymbol{Y}^{PSA} = \boldsymbol{I}_A \oplus \boldsymbol{Y}_{A_1}^{PSA} \oplus \boldsymbol{I}_{F_0} \oplus \boldsymbol{I}_G \tag{8-2}$$

其中，$\boldsymbol{Y}_{A_1}^{PSA} = \begin{bmatrix} \sqrt{g} & 0 \\ 0 & 1/\sqrt{g} \end{bmatrix}$。

由式（5-64）、式（8-1）和式（8-2）可以推导出$\lambda_5 = 1$，$\lambda_{3,4}$的表达式为

$$\lambda_{3,4}^2 = \frac{1}{2}\left(C \pm \sqrt{C^2 - 4D}\right) \tag{8-3}$$

当接收机采用零差检测时，$C_{hom}^{PSA} = \dfrac{A\chi_{hom}^{PSA} + V\sqrt{B} + T(V + \chi_{line})}{T\left(V + \chi_{tot}^{PSA}\right)}$，$D_{hom}^{PSA} = \sqrt{B}\dfrac{V + \sqrt{B}\chi_{hom}^{PSA}}{T(V + \chi_{tot}^{PSA})}$。此时，$\chi_{hom}^{PSA} = \left((1-\eta) + \nu_{el}\right)/(g\eta)$，$\chi_{tot}^{PSA} = \chi_{line} + \chi_{hom}^{PSA}/T$。

发射机和接收机之间的互信息量为

$$I_{AB}^{hom+PSA} = \frac{1}{2}\mathrm{lb}\left(\frac{V + \chi_{tot}^{PSA}}{1 + \chi_{tot}^{PSA}}\right) \tag{8-4}$$

当接收机采用外差检测时

$$C_{het}^{PSA} = \frac{1}{(T(V + \chi_{tot}^{x}))(T(V + \chi_{tot}^{p}))} \times \left[A\chi_{het}^{PSA+x}\chi_{het}^{PSA+p} + B + 1 + \left(\chi_{het}^{PSA+x} + \chi_{het}^{PSA+p}\right)\right.$$

$\left(V\sqrt{B}+T(V+\chi_{\text{line}})+2T(V^2-1)\right)$， $D_{\text{het}}^{\text{PSA}}=\left(\frac{V+\sqrt{B}\chi_{\text{het}}^{\text{PSA}+x}}{T(V+\chi_{\text{tot}}^{x})}\right)\left(\frac{V+\sqrt{B}\chi_{\text{het}}^{\text{PSA}+p}}{T(V+\chi_{\text{tot}}^{p})}\right)$。此时，$\chi_{\text{het}}^{\text{PSA}+x}=(1+(1-\eta)+2v_{el})/(g\eta)$，$\chi_{\text{het}}^{\text{PSA}+p}=\left(g(1+(1-\eta)+2v_{\text{el}})\right)/\eta$，$\chi_{\text{tot}}^{x,p}=\chi_{\text{line}}+\chi_{\text{het}}^{\text{PSA}+x,p}/T$。

发射机和接收机之间的互信息量为

$$I_{\text{AB}}^{\text{het+PSA}}=\text{lb}\left(\sqrt{\frac{(V+\chi_{\text{tot}}^{x})(V+\chi_{\text{tot}}^{p})}{(1+\chi_{\text{tot}}^{x})(1+\chi_{\text{tot}}^{p})}}\right) \tag{8-5}$$

2. 个体攻击情况下的安全密钥率

当受到个体攻击时，发射机和接收机间的互信息量 I_{AB} 具有与受到集体攻击时零差检测和外差检测类似的表达式。

当接收机采用零差检测时，$I_{\text{BE}}^{\text{hom+PSA}}$ 的计算式为

$$I_{\text{BE}}^{\text{hom+PSA}}=\frac{1}{2}\text{lb}\left[\frac{T^2\left(V+\chi_{\text{tot}}^{\text{PSA}}\right)\left(1/V+\chi_{\text{line}}\right)}{1+T\chi_{\text{hom}}^{\text{PSA}}(1/V+\chi_{\text{line}})}\right] \tag{8-6}$$

当接收机采用外差检测时，$I_{\text{BE}}^{\text{het+PSA}}$ 的计算式为

$$I_{\text{BE}}^{\text{het+PSA}}=\text{lb}\left[\frac{T\sqrt{\left(V+\chi_{\text{tot}}^{x}\right)\left(V+\chi_{\text{tot}}^{p}\right)}}{\sqrt{\left(\frac{Vx_{\text{E}}+1}{V+x_{\text{E}}}+\chi_{\text{het}}^{\text{PSA}+x}\right)\left(\frac{Vx_{\text{E}}+1}{V+x_{\text{E}}}+\chi_{\text{het}}^{\text{PSA}+p}\right)}}\right] \tag{8-7}$$

8.2 相位非敏感放大器

相位非敏感放大器是一种非简并光学放大器，允许对两个正交分量同时、

同等程度进行放大，如图 8-3 所示。其放大原理是信号模式与相位非敏感放大器内的闲置模式相互作用，使 $x_S \to \sqrt{g}x_S + \sqrt{g-1}x_I$，$p_S \to \sqrt{g}p_S - \sqrt{g-1}p_I$。其中 g（$g>1$）为放大器的放大倍数，S、I 分别表示信号模式和闲置模式。在理想状态下，闲置模式为一个真空态，而实际上其包含了一定的噪声，这里噪声用一个方差为 N 的 EPR 纠缠态表征[3-5]。

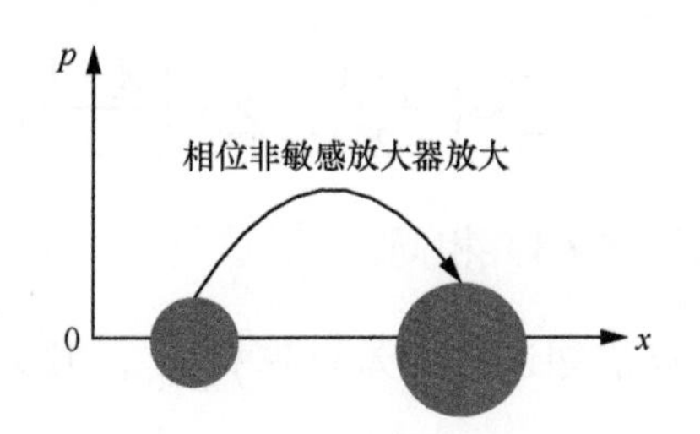

图 8-3　相位非敏感放大器的原理示意

同样地，为研究相位非敏感放大器对自由空间连续变量量子密钥分发系统性能的提升，首先，建立加入相位非敏感放大器后的系统模型，即在自由空间信道的输出端和接收端检测设备的输入端之间插入相位非敏感放大器，如图 8-4 所示。然后，根据建立的系统模型以及 5.2 节介绍的安全密钥率的计算式，推导得到加入相位非敏感放大器后的安全密钥率计算式。

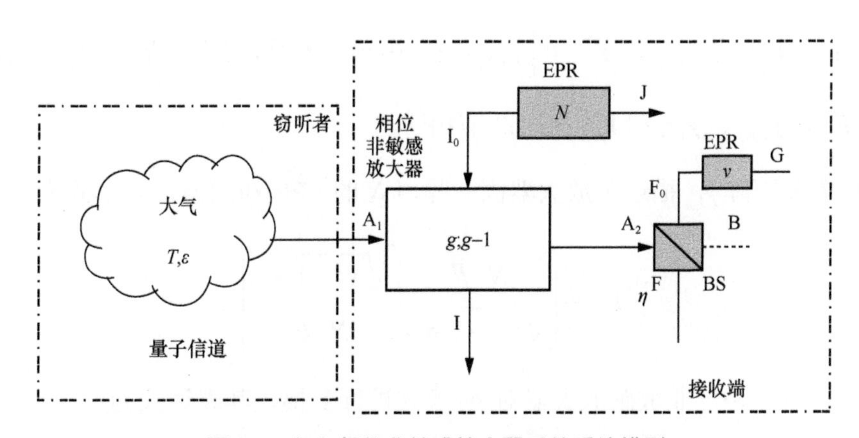

图 8-4　加入相位非敏感放大器后的系统模型

1. 集体攻击情况下的安全密钥率

由图 8-4 所示，加入相位非敏感放大器后，需要考虑放大器噪声的影响。在计算窃听者从接收机处获得的信息量 χ_{BE} 时，需要将 I 和 J 两个模式考虑在内，因此式（5-60）和式（5-61）分别变为

$$\chi_{\mathrm{BE}} = S(\rho_{\mathrm{AA_1}}) - S(\rho_{\mathrm{AIJFG}}^{m_{\mathrm{B}}}) \tag{8-8}$$

$$\chi_{\mathrm{BE}} = \sum_{i=1}^{2} G\left(\frac{\lambda_i - 1}{2}\right) - \sum_{3}^{7} G\left(\frac{\lambda_i - 1}{2}\right) \tag{8-9}$$

其中，$\lambda_{1,2}$ 的表达式与式（5-63）相同。

要想计算 $\lambda_{3,4,5,6,7}$，只需知道协方差矩阵 $\gamma_{\mathrm{AIJFG}}^{m_{\mathrm{B}}}$，其表达式为

$$\gamma_{\mathrm{AIJFG}}^{m_{\mathrm{B}}} = \gamma_{\mathrm{AIJFG}} - \boldsymbol{\sigma}_{\mathrm{AIJFGB}}^{\mathrm{T}} H \boldsymbol{\sigma}_{\mathrm{AIJFGB}} \tag{8-10}$$

式中，γ_{AIJFG} 和 $\boldsymbol{\sigma}_{\mathrm{AIJFGB}}$ 都可以从协方差矩阵 γ_{AIJFGB} 分解得到，即

$$\gamma_{\mathrm{AIJFGB}} = \begin{bmatrix} \gamma_{\mathrm{AIJFG}} & \boldsymbol{\sigma}_{\mathrm{AIJFGB}}^{\mathrm{T}} \\ \boldsymbol{\sigma}_{\mathrm{AIJFGB}} & \gamma_{\mathrm{B}} \end{bmatrix} \tag{8-11}$$

γ_{AIJFGB} 的表达式又可以写为

$$\gamma_{\mathrm{AIJFGB}} = (\boldsymbol{Y}^{\mathrm{BS}})^{\mathrm{T}} \gamma_{\mathrm{AA_2IJF_0G}} \boldsymbol{Y}^{\mathrm{BS}} \tag{8-12}$$

式（8-12）中，$\gamma_{\mathrm{AA_2IJF_0G}} = (\boldsymbol{Y}^{\mathrm{PIA}})^{\mathrm{T}} \left[\gamma_{\mathrm{AA_1}} \oplus \gamma_{\mathrm{I_0J}} \oplus \gamma_{\mathrm{F_0G}}\right] \boldsymbol{Y}^{\mathrm{PIA}}$，$\boldsymbol{Y}^{\mathrm{BS}} = \boldsymbol{I}_{\mathrm{A}} \oplus \boldsymbol{Y}_{\mathrm{A_2F_0}}^{\mathrm{BS}} \oplus \boldsymbol{I}_{\mathrm{I}} \oplus \boldsymbol{I}_{\mathrm{J}} \oplus \boldsymbol{I}_{\mathrm{G}}$，$\gamma_{\mathrm{AA_1}}$、$\gamma_{\mathrm{F_0G}}$ 和 $\boldsymbol{Y}_{\mathrm{A_2F_0}}^{\mathrm{BS}}$ 与 5.2 节相同。

协方差矩阵 $\gamma_{\mathrm{I_0J}}$ 描述了放大器固有噪声 N 的 EPR 纠缠态，其形式为

$$\gamma_{\mathrm{I_0J}} = \begin{bmatrix} N \cdot \boldsymbol{I} & \sqrt{N^2 - 1} \cdot \boldsymbol{\sigma}_{\mathrm{z}} \\ \sqrt{N^2 - 1} \cdot \boldsymbol{\sigma}_{\mathrm{z}} & N \cdot \boldsymbol{I} \end{bmatrix} \tag{8-13}$$

$\boldsymbol{Y}^{\mathrm{PIA}}$ 表示相位非敏感放大器对 $\mathrm{A_1}$ 模式进行变换，其表达式为

$$\boldsymbol{Y}^{\mathrm{PIA}} = \boldsymbol{I}_{\mathrm{A}} \oplus \boldsymbol{Y}_{\mathrm{A_1I_0}}^{\mathrm{PIA}} \oplus \boldsymbol{I}_{\mathrm{J}} \oplus \boldsymbol{I}_{\mathrm{F_0}} \oplus \boldsymbol{I}_{\mathrm{G}} \tag{8-14}$$

式（8-14）中，$\boldsymbol{Y}_{\mathrm{A_1I_0}}^{\mathrm{PIA}}=\begin{bmatrix}\sqrt{g}\cdot\boldsymbol{I} & \sqrt{g-1}\cdot\boldsymbol{\sigma}_{\mathrm{z}}\\ \sqrt{g-1}\cdot\boldsymbol{\sigma}_{\mathrm{z}} & \sqrt{g}\cdot\boldsymbol{I}\end{bmatrix}$。

由式（8-10）～式（8-14）可以推导出，$\lambda_{5,6,7}=1$，$\lambda_{3,4}$ 与式（5-69）相同。此时，当接收机采用外差检测时，$\chi_{\mathrm{het}}\rightarrow\chi_{\mathrm{het}}^{\mathrm{PIA}}=\left(1+(1-\eta)+2\nu_{\mathrm{el}}+N(g-1)\eta\right)/\left(g\eta\right)$；当零差检测时，$\chi_{\mathrm{hom}}\rightarrow\chi_{\mathrm{hom}}^{\mathrm{PIA}}=\left((1-\eta)+\nu_{\mathrm{el}}+N\left(g-1\right)\eta\right)/\left(g\eta\right)$。

当接收机采用零差检测时，$I_{\mathrm{AB}}^{\mathrm{hom+PIA}}$ 的计算式为

$$I_{\mathrm{AB}}^{\mathrm{hom+PIA}}=\frac{1}{2}\mathrm{lb}\left(\frac{V+\chi_{\mathrm{tot}}^{\mathrm{PIA}}}{1+\chi_{\mathrm{tot}}^{\mathrm{PIA}}}\right)\tag{8-15}$$

式中，$\chi_{\mathrm{tot}}^{\mathrm{PIA}}=\chi_{\mathrm{line}}+\chi_{\mathrm{hom}}^{\mathrm{PIA}}/T$。

当接收机采用外差检测时，$I_{\mathrm{AB}}^{\mathrm{het+PIA}}$ 的计算式为

$$I_{\mathrm{AB}}^{\mathrm{het+PIA}}=\mathrm{lb}\left(\frac{V+\chi_{\mathrm{tot}}^{\mathrm{PIA}}}{1+\chi_{\mathrm{tot}}^{\mathrm{PIA}}}\right)\tag{8-16}$$

式中，$\chi_{\mathrm{tot}}^{\mathrm{PIA}}=\chi_{\mathrm{line}}+\chi_{\mathrm{het}}^{\mathrm{PIA}}/T$。

2. 个体攻击情况下的安全密钥率

当受到个体攻击时，发射机和接收机间的互信息量 I_{AB} 具有与受到集体攻击时采用零差检测和外差检测相同的表达式。

当接收机采用零差检测时，$I_{\mathrm{BE}}^{\mathrm{hom+PIA}}$ 的计算式为

$$I_{\mathrm{BE}}^{\mathrm{hom+PIA}}=\frac{1}{2}\mathrm{lb}\left[\frac{T^{2}\left(V+\chi_{\mathrm{tot}}^{\mathrm{PIA}}\right)\left(1/V+\chi_{\mathrm{line}}\right)}{1+T\chi_{\mathrm{hom}}^{\mathrm{PIA}}\left(1/V+\chi_{\mathrm{line}}\right)}\right]\tag{8-17}$$

当接收机采用外差检测时，$I_{\mathrm{BE}}^{\mathrm{het+PIA}}$ 的计算式为

$$I_{\mathrm{BE}}^{\mathrm{het+PIA}}=\mathrm{lb}\left[\frac{T\left(V+\chi_{\mathrm{tot}}^{\mathrm{PIA}}\right)\left(V+x_{\mathrm{E}}\right)}{Vx_{\mathrm{E}}+1+\chi_{\mathrm{het}}^{\mathrm{PIA}}\left(V+x_{\mathrm{E}}\right)}\right]\tag{8-18}$$

8.3 两种放大器对系统性能的影响

基于8.1节和8.2节推导的加入相敏放大器和相位非敏感放大器后的安全密钥率计算式，在受到个体攻击和集体攻击时，分别对采用810 nm、1550 nm、3800 nm波长的自由空间连续变量量子密钥分发系统，接收机采用零差检测和外差检测时的性能进行分析。因为相位非敏感放大器对系统性能的提升还与其固有噪声有关，所以本节以1550 nm波长光量子信号为例，还分析相位非敏感放大器的固有噪声对安全密钥率的影响。

由于目前使用的相敏放大器和相位非敏感放大器一般都是针对光纤通信C波段的信号进行放大，为了进行对比分析，此处假设接收机先将810 nm和3800 nm波长光量子信号利用波长转换技术转换到1550 nm再进行探测，即在频率上对它们采用转换单光子探测技术进行探测[6]。仿真参数设置为V_A=10、η=90%、v_{el}=0.01 SNU。采用3800 nm波长时，空间信道额外噪声为ε=0.006 83 SNU；采用1550 nm波长时，空间信道额外噪声为ε=0.04 SNU；采用810nm波长时，空间信道额外噪声为ε=0.15 SNU。假设探测器为理想探测器，探测器对应的检测效率η=100%，电子噪声v_{el}=0 SNU。

图8-5展示了810 nm、1550 nm、3800 nm波长光量子信号在零差检测下受到个体攻击时采用不同放大倍数的相敏放大器后安全密钥率随距离变化的情况。从图8-5中可以看出放大倍数越大，连续变量量子密钥分发系统的安全密钥率越高，传输距离越远，越接近完美探测器时的系统性能。当接收机采用零差检测时，选择合适的相敏放大器可以弥补探测器的非理想性造成的影响，从而提高基于空间信道的连续变量量子密钥分发系统性能。另外，在相同增益下，长波长光量子信号的传输距离增加得更多，因此长波长光量子信号在自由空间量子通信中更具有优势。

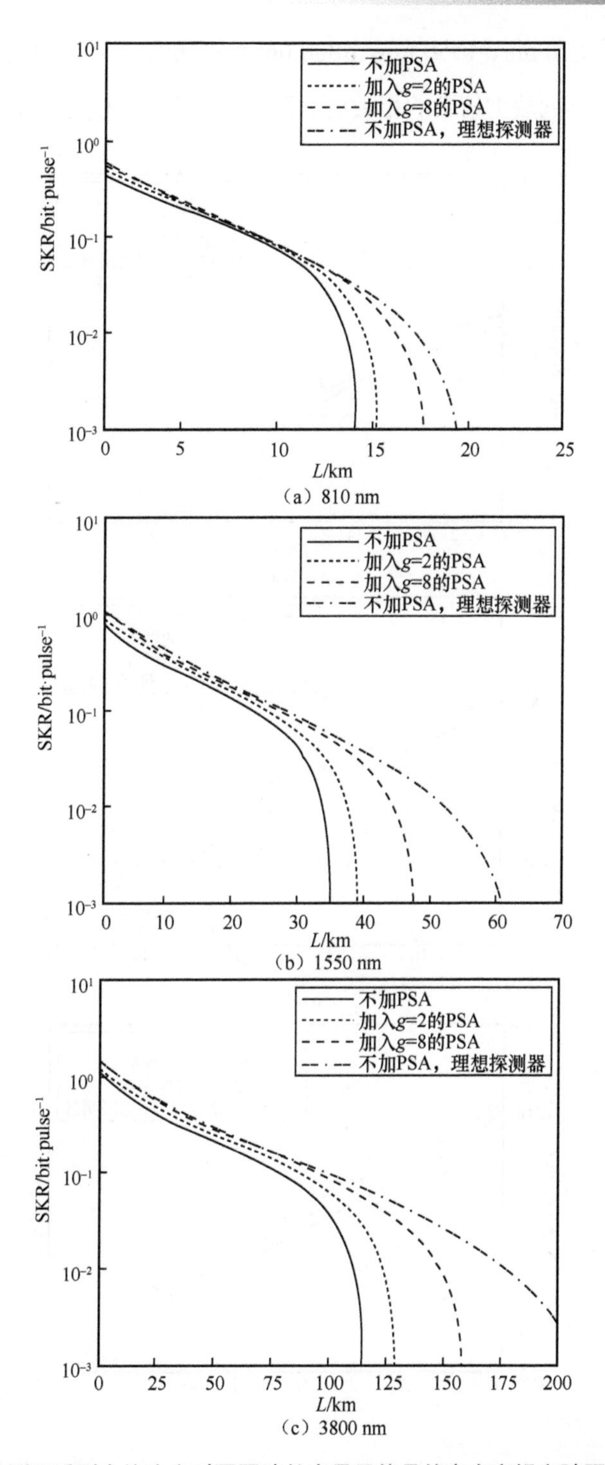

图 8-5　零差检测下受到个体攻击时不同波长光量子信号的安全密钥率随距离变化的情况

图 8-6 表示 810 nm、1550 nm、3800 nm 波长光量子信号在零差检测下受到集体攻击时采用不同放大倍数的相敏放大器后安全密钥率随距离变化的情况。

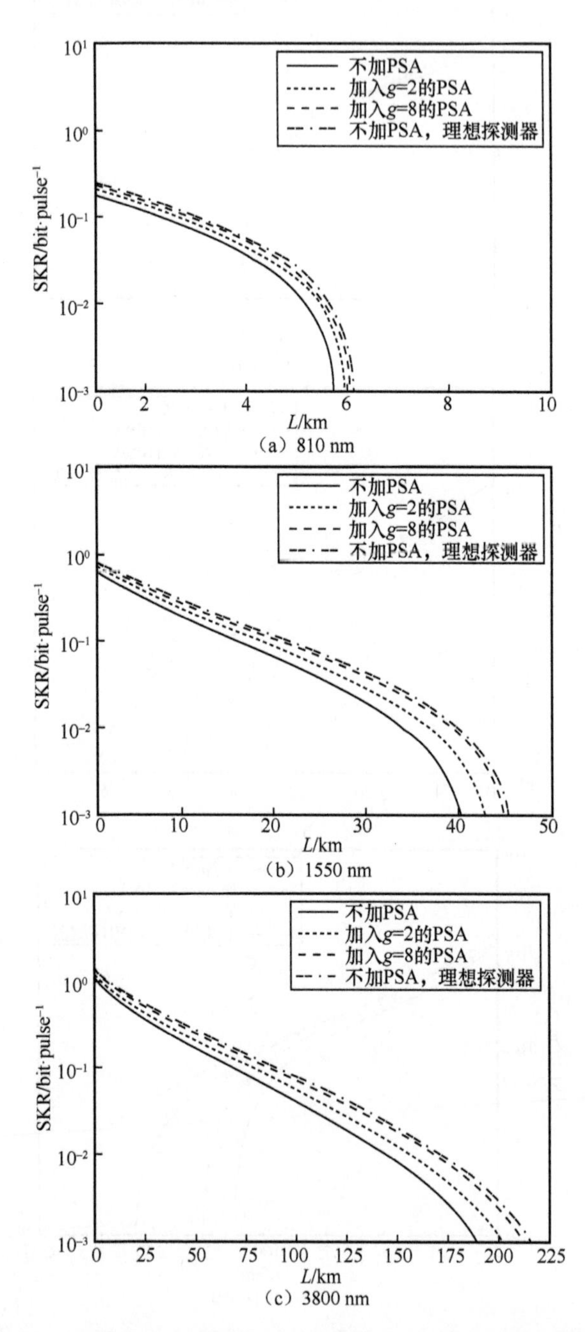

图 8-6　零差检测下受到集体攻击时不同波长光量子信号的安全密钥率随距离变化的情况

由图 8-6 可知，受到集体攻击时可以得到与受到个体攻击相同的结论，即只要选择合适放大倍数的相敏放大器，就可以弥补探测器的非理想性造成的影响。对比图 8-5 与图 8-6 可知，同一个波长，采用相同增益的相敏放大器时，受到集体攻击时的系统性能相对于受到个体攻击时的系统性能更接近采用完美探测器时的性能。

图 8-7 和图 8-8 分别表示在受到个体攻击和集体攻击的情况下，810 nm、1550 nm、3800 nm 波长光量子信号采用外差检测及加入不同放大倍数的相敏放大器后安全密钥率随距离变化的情况。

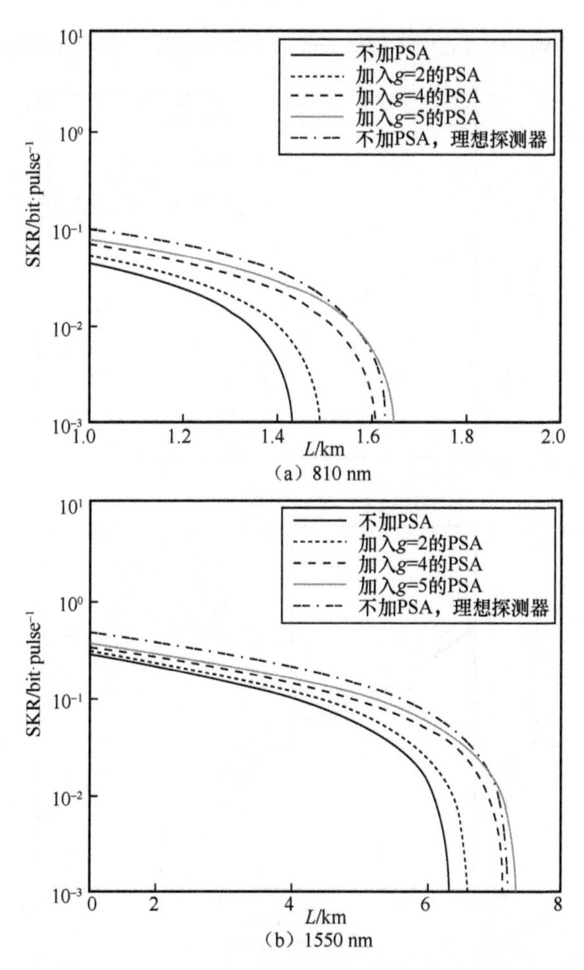

图 8-7　外差检测下受到个体攻击时不同波长光量子信号的安全密钥率随距离变化的情况

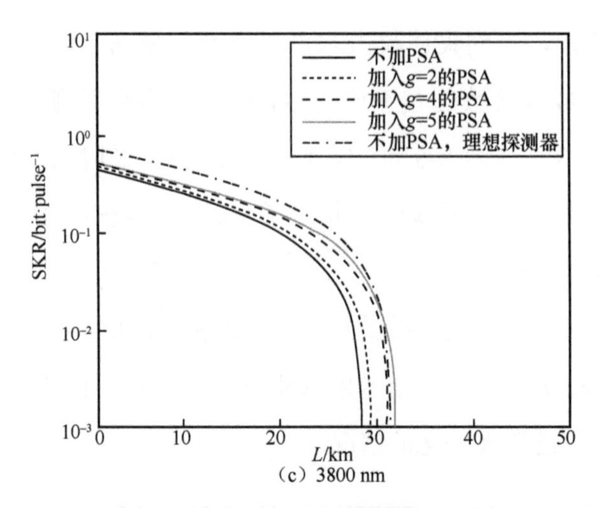

（c）3800 nm

图 8-7 外差检测下受到个体攻击时不同波长光量子信号的安全密钥率随距离变化的情况（续）

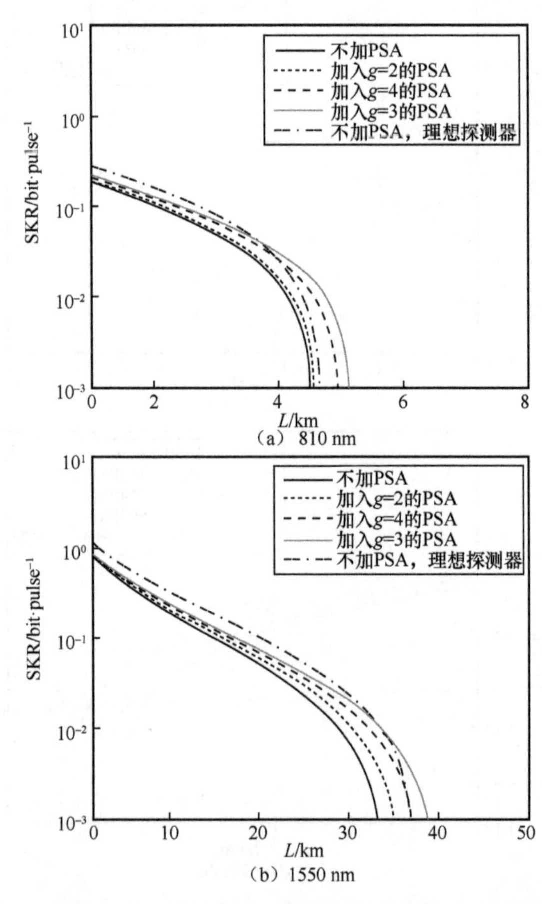

（a）810 nm

（b）1550 nm

图 8-8 外差检测下受到集体攻击时不同波长光量子信号的安全密钥率随距离变化的情况

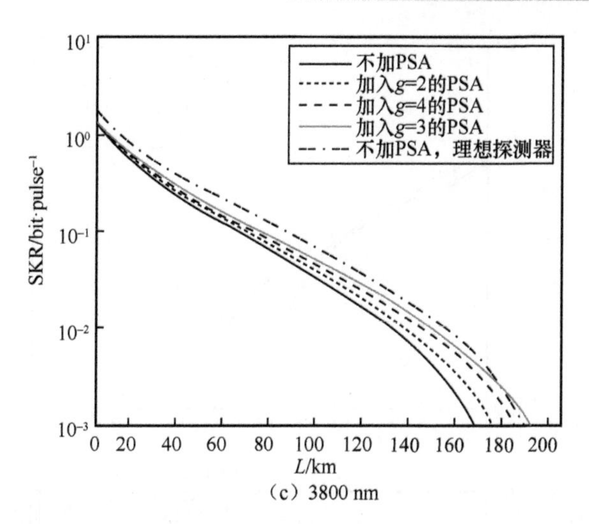

（c）3800 nm

图 8-8　外差检测下受到集体攻击时不同波长光量子信号的安全密钥率随距离变化的情况（续）

由图 8-7 和图 8-8 可知，当接收机采用外差检测时，连续变量量子密钥分发系统加入放大器后，无论窃听者采用集体攻击还是个体攻击，随着放大倍数的增加，系统性能都得到了改善：增加了传输距离，提高了安全密钥率。但是此时并不能得到采用理想检测器时的安全密钥率，即当接收机进行外差检测时，加入相敏放大器并不能完全补偿探测器的非理想性。同样地，对比图 8-7 与图 8-8 可以得到与零差检测时相同的结论，即对同一个波长而言，采用相同增益的相敏放大器时，受到集体攻击时系统性能的提升效果更好。

图 8-9 和图 8-10 分别表示在受到个体攻击和集体攻击的情况下，810 nm、1550 nm、3800 nm 波长光量子信号采用零差检测和加入不同放大倍数的相位非敏感放大器后安全密钥率随距离变化的情况。

由图 8-9 和图 8-10 可知，在零差检测时，无论系统受到集体攻击还是个体攻击，随着放大倍数的增加，系统性能都越来越差，即若接收机采用零差检测方式，在系统中加入相位非敏感放大器并不能使系统性能得到提升。

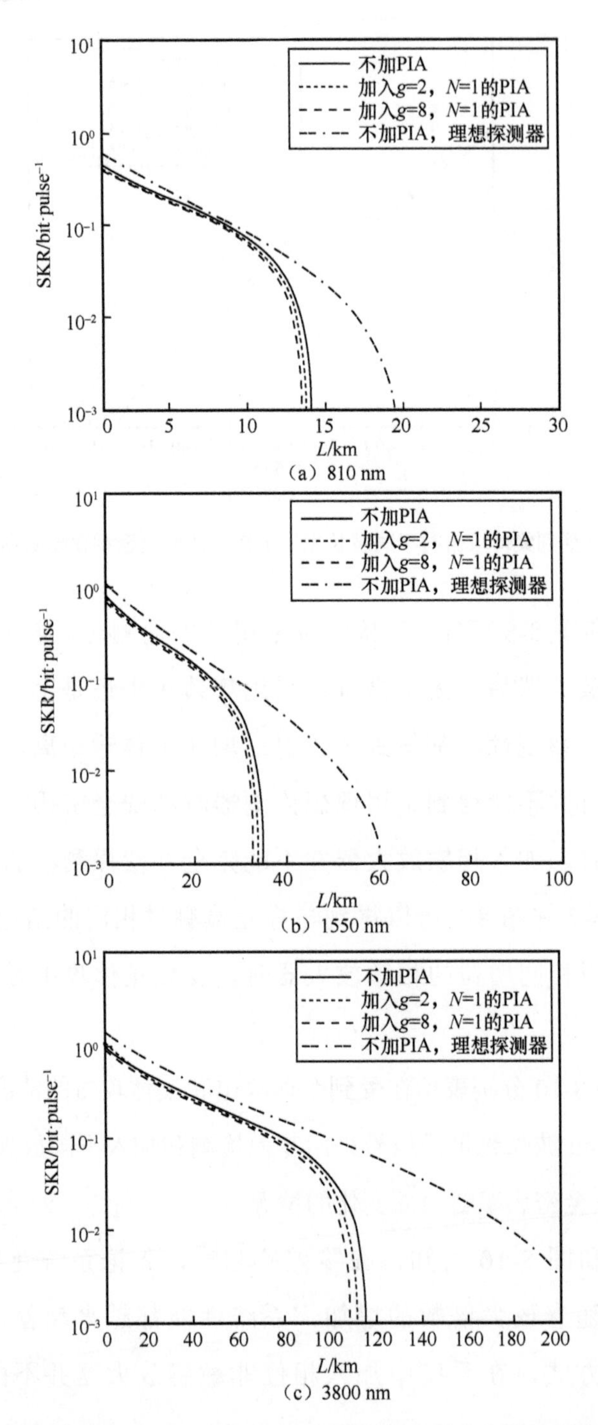

（a）810 nm

（b）1550 nm

（c）3800 nm

图 8-9　零差检测下受到个体攻击时不同波长光量子信号的安全密钥率随距离变化的情况

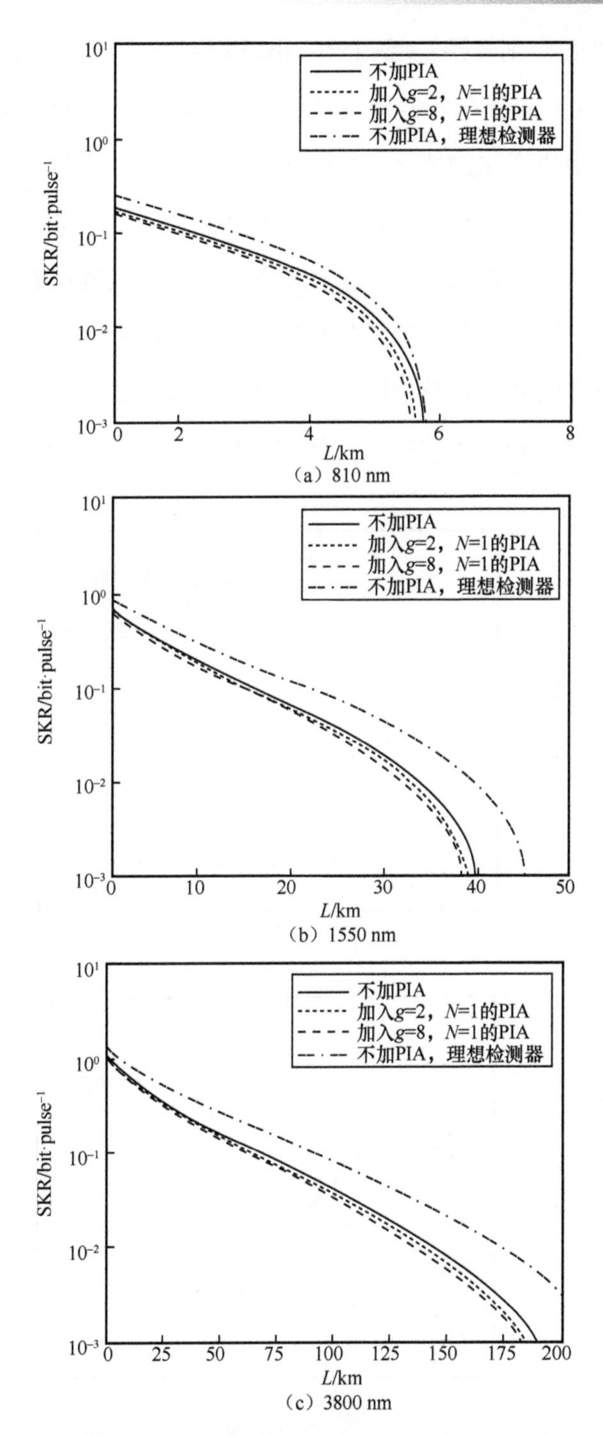

图 8-10　零差检测下受到集体攻击时不同波长光量子信号的安全密钥率随距离变化的情况

图8-11和图8-12分别表示在受到个体攻击和集体攻击的情况下，810 nm、1550 nm、3800 nm 波长光量子信号在外差检测且使用不同放大倍数的相位非敏感放大器时安全密钥率随距离变化的情况。由图 8-11 和图 8-12 可知，在外差检测情况下，对于不同的波长光量子信号来说，无论窃听者采用集体攻击还是个体攻击，加入相位非敏感放大器都对连续变量量子密钥分发系统性能有显著提高效果，且放大倍数越大，系统性能越接近采用完美探测器时的性能。即在外差检测时，加入相位非敏感放大器可以补偿探测器的非理想性。此外，相同放大倍数的相位非敏感放大器对受到集体攻击和个体攻击时的系统具有相同的提升效果。

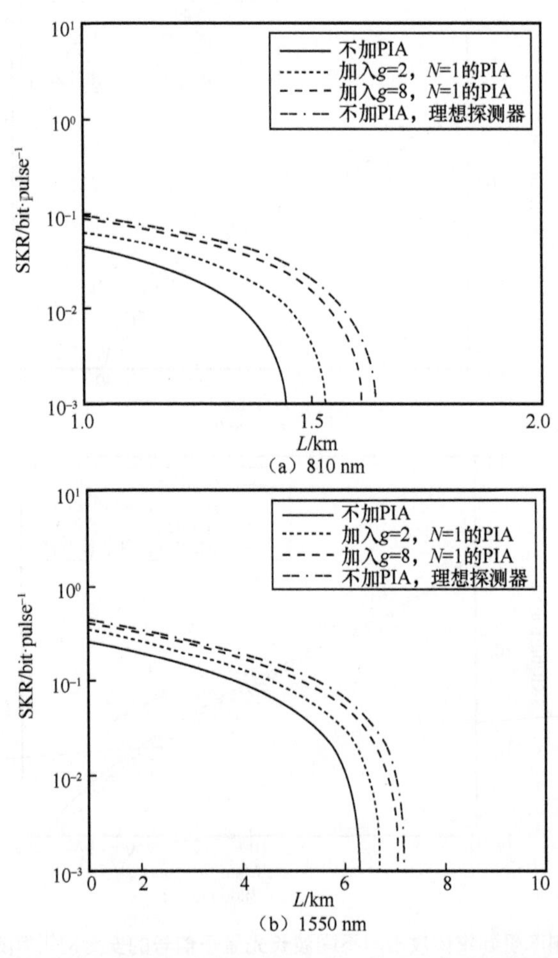

图 8-11　外差检测下受到个体攻击时不同波长光量子信号的安全密钥率随距离变化的情况

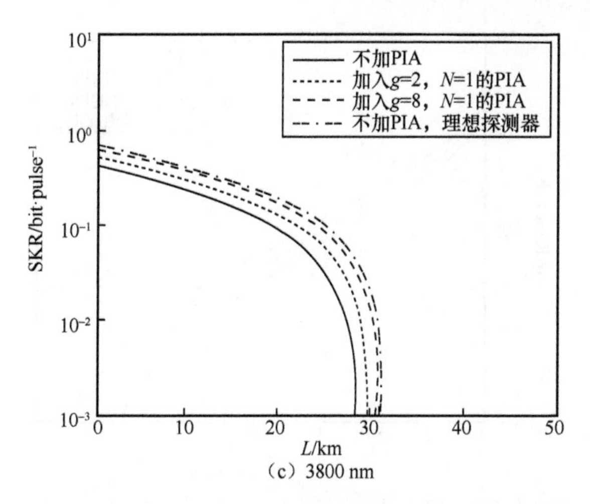

图 8-11　外差检测下受到个体攻击时不同波长光量子信号的安全密钥率随距离变化的情况（续）

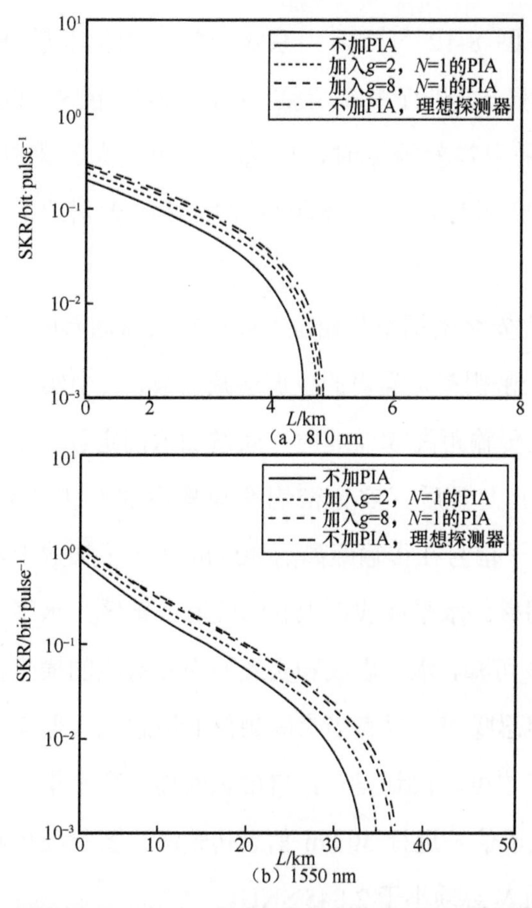

图 8-12　外差检测下受到集体攻击时不同波长光量子信号的安全密钥率随距离变化的情况

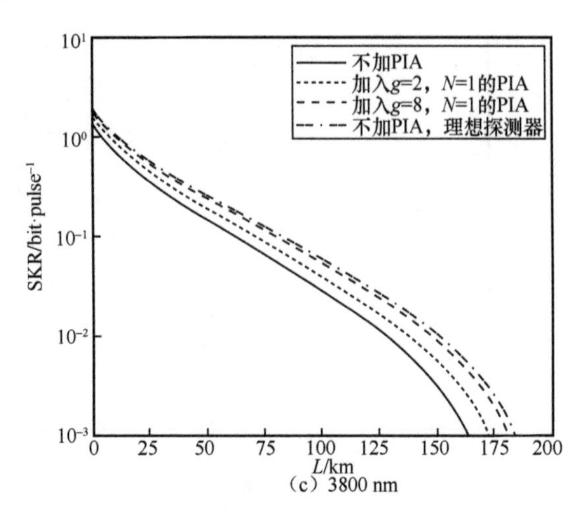

（c）3800 nm

图 8-12　外差检测下受到集体攻击时不同波长光量子信号的安全密钥率随距离变化的情况（续）

对比图 8-9～图 8-12 可知，当系统中加入相位非敏感放大器时，接收机只能采用外差检测方式进行测量。综合对比图 8-5～图 8-8 以及图 8-9～图 8-12 可知，当接收机采用零差检测时，应选择相敏放大器来补偿探测器的非理想性；采用外差检测时，应选择相位非敏感放大器来补偿探测器的非理想性。

图 8-13 所示为安全密钥率与相位非敏感放大器固有噪声 N 的变化曲线。由图 8-13 可知，安全密钥率是噪声的单调递减函数，其中实线表示 1550 nm 波长光量子信号在固定传输距离 30 km 时，系统加入固定放大倍数 g=2、不同噪声 N 的相位非敏感放大器后，安全密钥率与噪声的变化关系。水平虚线表示 1550 nm 波长光量子信号在传输距离为 30 km 时，不加放大器且使用非理想探测器时的安全密钥率。水平虚线以上表示性能改善区，水平虚线以下表示性能下降区。由图 8-13 可知，水平虚线和实线的交点对应的横坐标就是相位非敏感放大器的最大可容忍噪声，只有当实际相位非敏感放大器噪声小于最大可容忍噪声时，系统性能才可以得到提升。自由空间连续变量量子密钥分发系统采用 1550 nm 波长光量子信号进行 30 km 信息传输时，要想使用相位非敏感放大器提升系统性能，则 N 必须小于 2.845 SNU。

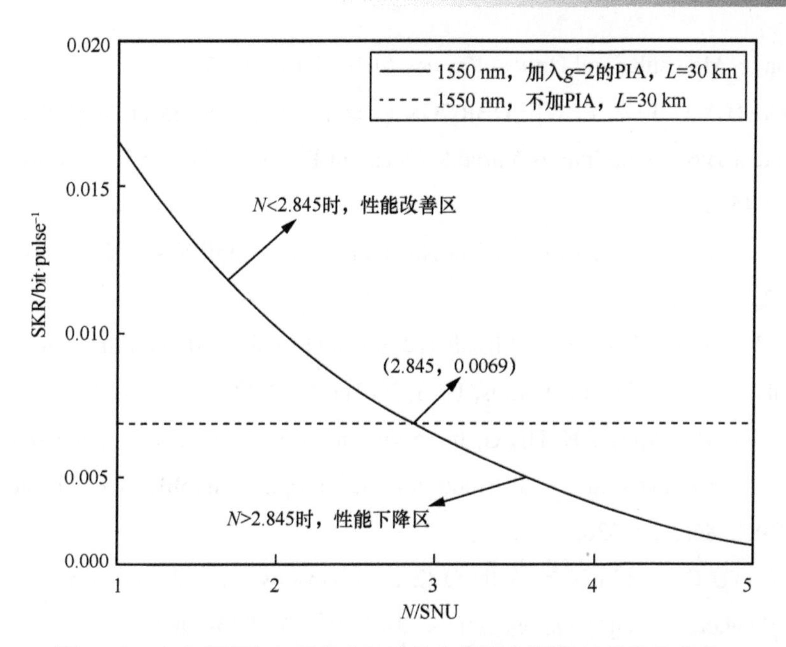

图 8-13　安全密钥率与相位非敏感放大器固有噪声 N 的变化曲线

从上述分析可知，实际上连续变量量子密钥分发系统可以根据相位非敏感放大器最大可容忍噪声来判断是否需要加入相位非敏感放大器。

8.4　本章小结

本章介绍了利用相敏放大器和相位非敏感放大器对自由空间连续变量量子密钥分发系统进行性能改善的方法，分别分析了加入不同放大倍数的相敏放大器和相位非敏感放大器后，窃听者采用集体攻击和个体攻击、接收机采用零差检测和外差检测时，不同波长光量子信号的安全密钥率随传输距离变化的情况。

参考文献

[1] ZHANG Y C, LI Z Y, WEEDBROOK C, et al. Improvement of two-way continuous-variable quantum key distribution using optical amplifiers[J]. Journal of Physics B:

Atomic, Molecular and Optical Physics, 2014, 47(3): 035501.

[2] ZHANG Y C, LI Z Y, WEEDBROOK C, et al. Noiseless Linear Amplifiers in Entanglement-Based Continuous-Variable Quantum Key Distribution[J]. Entropy, 2015, 17: 4547-4562.

[3] CAVES C M. Quantum Limits on Noise in Linear Amplifiers[J]. Physical Review D, 1982, 26(8): 1817.

[4] OU Z Y, PEREIRA S F, KIMBLE H J. Quantum noise reduction in optical amplification[J]. Physical Review Letters, 1993, 70(21): 3239-3242.

[5] ZHANG H, FANG J H, HE G. Improving the performance of the four-state continuous-variable quantum key distribution by using optical amplifiers[J]. Physical Review A, 2012, 86(2): 22338.

[6] SHENTU G L, XIA X X, SUN Q C, et al. Upconversion detection near 2 μm at the single photon level[J]. Optics Letters, 2013, 38(23): 4985-4987.